工程建设标准国际化研究报告

住房和城乡建设部标准定额研究所　编著

中国建筑工业出版社

图书在版编目(CIP)数据

工程建设标准国际化研究报告/住房和城乡建设部标准定
额研究所编著. —北京:中国建筑工业出版社,2019.12(2022.3重印)
ISBN 978-7-112-16034-1

Ⅰ.①工… Ⅱ.①住… Ⅲ.①建筑工程-技术标准-国际化-
研究报告-中国 Ⅳ.①TU-65

中国版本图书馆 CIP 数据核字(2019)第 281424 号

责任编辑:张 瑞 郑 琳
责任设计:李志立
责任校对:焦 乐

工程建设标准国际化研究报告
住房和城乡建设部标准定额研究所 编著
*
中国建筑工业出版社出版、发行(北京海淀三里河路9号)
各地新华书店、建筑书店经销
北京红光制版公司制版
北京中科印刷有限公司印刷
*
开本:787×1092毫米 1/16 印张:10¼ 字数:253千字
2020年1月第一版 2022年3月第二次印刷
定价:49.00元
ISBN 978-7-112-16034-1
(35083)

工程建设标准国际化研究报告
编委会

主任委员：李　铮
副主任委员：展　磊
编制组长：展　磊　张惠锋
编制组成员：杨　力　刘春卉　李全申　姜　波　朱爱萍
　　　　　　赵　霞　高　毅　李晓峰　李玲玲　徐世东
　　　　　　杨京桦　刘会涛　宋　婕　徐文杰　余　涛
　　　　　　杨　健　杜万明　丁　辉

编　制　单　位

住房和城乡建设部标准定额研究所
中国恩菲工程技术有限公司
中国标准化研究院
中国对外承包工程商会
中国建筑科学研究院有限公司
中国建筑集团有限公司
中国建筑标准设计研究院
中国城市科学研究会
中车青岛四方机车车辆股份有限公司
江苏雅百特科技股份有限公司
全国智能建筑及居住区数字化标准化技术委员会
广东坚朗五金制品股份有限公司
中国建筑装饰装修材料协会

前　言

　　我国经历改革开放 40 多年，工程建设领域飞速发展，建立了较为完善的标准体系。2013 年，习近平主席高屋建瓴地提出了共建丝绸之路经济带和 21 世纪海上丝绸之路的"一带一路"伟大倡议。世界的发展需要中国，中国的发展需要世界。人类命运共同体需要人类共同去构建，对此中国愿意且能够贡献自己的智慧和力量。

　　5 年多来，中国积极推动基础设施互联互通建设，加强基础设施建设规划对接，有效改善相关国家基础设施水平，"中国建设"赢得广泛赞誉。2017 年，我国企业在"一带一路"沿线国家对外承包工程新签合同额 1443.2 亿美元，占同期我国对外承包工程新签合同额的 54.4%，同比增长 14.5%，主要的合作领域涉及互联互通、基础设施建设、产能合作、能源、产业园区等多个方面。其中，交通运输建设领域新签合同额达 378.4 亿美元，占 26.2%；房屋建筑业务新签合同额达到 306.2 亿美元，占 21.2%；电力工程领域新签合同额 304 亿美元，占 21.1%，分列业务领域合作规模前三位。

　　我国对外承包业务蓬勃发展，大踏步地走出国门、形势喜人。交通建设、电力建设、矿山、冶金工程、石油化工建设等领域的中国企业得到越来越多国家的认可。在中国企业国际化进程步入快车道的过程中，标准却逐渐成为中国企业走出去的瓶颈，影响我国对外的话语权。为推动城镇建设和建筑工业领域标准国际化工作，提高中国企业在国际市场的话语权，带动中国技术走出去，住房和城乡建设部标准定额研究所立项开展了"城镇建设和建筑工业领域标准国际化战略"研究课题。本书内容即课题研究报告的节选和凝练。

　　课题组对国内外标准现状和国外标准应用环境进行了深入调查和分析，提出了我国标准国际化的实现途径和方法措施，同时结合我国工程建设标准国际化的典型案例阐述了工程建设标准国际化实施过程中存在的问题，针对问题和现状提出对策建议和实施方案。课题还将我国与其他国家的标准体系和标准化战略进行对比，剖析和总结了我国工程建设标准国际化的战略措施。

　　课题组认为，我国工程建设标准国际化可主要经由三条途径：一是通过支持我国企业在海外市场承揽大型工程项目，同时组织我国工程建设标准及建筑产品标准的翻译和外文版的发行推广，积极开展我国工程建设标准与目标国标准的对标工作，以工程带动我国标准"走出去"，在使用过程中逐步形成国际事实标准；二是通过加强我国与其他国家或区域标准化组织的标准互认工作，扩大我国标准的接受范围，或通过具体项目对标准的实施和应用，自下而上实现标准互认；三是通过鼓励我企业主动参与国际标准的制修订，推动我国高水平的技术标准得到 ISO、IEC 等组织的认可，直接成为国际标准。通过这三种途径的实践和历练，再自外向内、自上而下地反哺国内，修订、完善现有标准体系，使之渐渐与世界相融合。

　　总体来看，我国城镇建设和建筑工业领域标准国际化道路依然漫长，还需要加强标准化国际交流与合作，加大标准与外交、经贸、科技等工作协同推进力度，加大国际标准制定和与主要贸易国之间的标准互认力度，使标准更加有效的服务国外工程，并逐渐提升我国标准在国际上的影响力。

本书借鉴和参考了国内外一些专家学者的研究成果，相关参考文献已在书中注明。若有疏漏之处，敬请谅解并致以谢意，同时恳请将相关文献信息告知本书编委会。

本书编写工作得到了标准化领域专家的指导和帮助。在本书付梓之际，我们诚挚地对张海波、辛修明、祁保明、韩建聪、蔡成军、张永刚、陈燕申等专家表示感谢。

本书对工程建设标准国际化做了初步的研究和探索，希望能对相关研究和实践起到抛砖引玉的作用。由于能力和水平有限，本书还有很多不足之处，热忱欢迎各位读者批评指正。

目　　录

第一章 标准国际化概况

随着中国改革开放的不断深入和社会经济的快速发展，标准作为我国综合实力的体现，越来越得到广泛重视。习近平主席在第 70 届联合国大会上提出了"共商共建共享"与"公正合理"的全球治理新理念，提出以中国理念和实践引领全球治理机制的改革与完善。大力推动中国标准"走出去"，助力中国企业和产品让更大范围的国际市场接受和采用，成为标准化工作的一项重要内容。我国工程建设技术标准"走出去"，是城镇建设和建筑工业"走出去"的重要前提和关键任务。

在标准"走出去"工作中，国际标准化和标准国际化是常被提到的两个活动。国际标准化，是指在国际范围内由众多的国家或组织共同参与开展的标准化活动。该活动旨在研究、制定并推广采用国际统一的标准，协调各国、各地区的标准化活动，研讨和交流有关标准化事宜。由此可见，国际标准化的主要任务和目标是形成国际标准。为组织、协调各个国家的国际标准化工作，形成一系列国际标准，是国际标准化组织工作的主要内容。标准国际化，是指以推广本国或本地区标准为主要目的，采取一系列双边或多边的标准化策略，使标准满足其他区域要求的国际化活动。按商务模式不同，工程建设标准国际化策略主要有 6 种形式。一是将我国标准或标准主要技术内容上升为国际标准，使之在全球推广；二是与标准合作国家开展标准互认，或与合作国家共同制修订标准；三是推动目标国家或地区直接采用或转化采用我国标准；四是协助或参与其他国家标准政策及具体标准的制修订；五是在境外工程中，依据双方协议或合同要求，使用我国标准；六是根据目标国的具体情况，等同采用或修改采用先进的国际标准。标准国际化是以我国标准为主要立足点和出发点，以国际化和本地化为主要任务，以提升我国标准影响力和满足特定国家或地区需要为主要目标的活动。

一、概述

(一) 政策环境

当前，标准化作为全球治理的重要规制手段，正深刻地影响着全球治理的格局与制度安排。随着"一带一路"倡议的提出，要坚持标准引领，建设制造强国。中国制造业需要标准作为占领高端制造市场的利器，中国制造"走出去"需要更高的标准作有力支撑。

2015 年 3 月 11 日，国务院批准并实施《国务院关于印发深化标准化改革方案的通知》（国发〔2015〕13 号），部署提高标准国际化水平工作内容包括：鼓励社会组织和产业技术联盟、企业积极参与国际标准化活动，争取承担更多国际标准组织技术机构和领导职务，增强话语权。加大国际标准跟踪、评估和转化力度，加强中国标准外文版翻译出版工作，推动与主要贸易国之间的标准互认，推进优势、特色领域标准国际化，创建中国标准品牌。结合海外工程承包、重大装备设备出口和对外援建，推广中国标准，以中国标准"走出去"带动我国产品、技术、装备、服务"走出去"。

2017年3月21日，国务院办公厅印发《贯彻实施〈深化标准化工作改革方案〉重点任务分工（2017—2018年）》（国办发〔2017〕27号），明确要求国家标准化管理委员会牵头增强中国标准国际影响力。深度参与国际标准化治理，增强标准国际话语权。实施标准联通"一带一路"行动计划，与沿线重点国家在国际标准制定、标准化合作示范项目建设等方面开展务实合作。探索建立企业参与国际标准化活动快速通道，鼓励企业积极参与国际标准制修订、承担国际标准组织技术机构领导职务和秘书处工作，将国有企业在国际标准化活动中取得的重大工作成果纳入考核体系。鼓励和规范外资企业参与标准化工作。探索建立中外城市间标准化合作机制。组织翻译一批国际产能和装备制造以及对外经贸合作急需标准，推进重点领域标准中外文版同步制定工作，推动中国标准海外应用。积极开展中外标准比对分析，加快提升国际国内标准水平一致性程度，主要消费品领域与国际标准一致性程度达到95％以上，装备制造业部分重点领域国际标准转化率达到90％以上。

2016年8月9日，住房城乡建设部印发《深化工程建设标准化工作改革意见》（建标〔2016〕166号），明确要求推进标准国际化。要推动中国标准"走出去"，完善标准翻译、审核、发布和宣传推广工作机制，鼓励重要标准与制修订同步翻译。加强沟通协调，积极推动与主要贸易国和"一带一路"沿线国家之间的标准互认、版权互换。鼓励有关单位积极参加国际标准化活动，加强与国际有关标准化组织交流合作，参与国际标准化战略、政策和规则制定，承担国际标准和区域标准制定，推动我国优势、特色技术标准成为国际标准。

总之，住房和城乡建设部要求推进和实施标准国际化进程，促进中国建造走出去，并提出要加强与国际标准和国外标准对接。对发达国家、"一带一路"沿线重点国家、国际标准化组织的技术法规和标准，要加强翻译、跟踪、比对、评估。创建中国工程规范和标准国际品牌。完善中国工程规范和标准外文版的同步翻译、发布和宣传推广工作机制。深入参与国际标准化活动。支持团体、企业积极主导和参与制定国际标准，推动与主要贸易国之间的标准互认，减少和消除技术壁垒。鼓励团体、企业承担国际标准组织技术机构秘书处工作，开展长效合作，推广中国技术等一系列路径措施和要求。在城镇建设和建筑工业领域落实标准国际化工作迫在眉睫。

（二）历史沿革

1. 我国工程建设标准化源远流长

20世纪70年代，在河姆渡遗址发掘中，到处可见数量众多的木桩及木构件，据考证为"干栏式"建筑遗迹，这些建筑标准构件就闪现出标准化思想的萌芽。北宋《营造法式》、明《鲁班经》、清《工部工程做法则例》等传世之作更是我国劳动人民在工程建设活动中自觉运用"标准化"思想和方法的重要体现。1840年以后，帝国主义列强在我国兴办矿冶、修建铁路，但在工程建设中没有自己的标准，采用的国外标准也极不统一。中华人民共和国成立后，工程建设标准化才真正走上发展之路。

2. 工程建设标准化发展有着深刻社会发展痕迹

1）起步时期（1949 年～1955 年）。这一时期，我国处在国民经济恢复期和"一五"前期，开始实行中央政府统一管理的计划经济。1949 年 10 月间，原政务院财政经济委员会成立了中央技术管理局（1952 年撤销），下设标准规格处，专门负责工业生产和工程建设标准化工作，初步改变了旧中国遗留下来的技术标准因地而异的"万国牌"状况。此后，工程建设标准由国家建委主管，通过学习、引进苏联标准和总结本国实践经验，着手建立企业标准和部门标准，为以后标准化工作的开展打下了基础。

2）曲折发展和逐步制度化管理阶段（1956 年～1976 年）。由于"大跃进"的冲击，全国统一的工程建设标准，都下放给各部门和各地方管理。1958 年 12 月《编写国家标准草案暂行办法》在全国实施。1962 年 11 月，国务院颁发了《工农业产品和工程建设技术标准管理办法》，它使包括工程建设标准化工作的全国标准化事业经"大跃进"挫折后，又开始得到恢复和发展。十年动乱期间，工程建设标准化工作几乎陷于停滞的状态，基本建设技术管理有章不循或无章可循，工程质量和安全事故屡屡发生。

3）全面发展阶段（1977 年～1987 年）。1978 年 7 月国务院颁布《工业二十三条》中对搞好标准化工作提出明确要求。1979 年 7 月，国务院颁发了《中华人民共和国标准化管理条例》，明确规定标准一经发布就是技术法规，必须严格执行。标准作为政府管理经济、指挥生产的行政手段，适应了计划经济的需要。主管部门发布了若干工程建设标准规范性文件，为工程建设标准化建立新的法规体系打下了基础。为打破单一强制标准格局，促进"四新"的推广应用，开展了推荐性标准问题的研究和探索。

4）标准化法指导下的快速发展阶段（1988 年～至今）。《中华人民共和国标准化法》（1988 年）、《中华人民共和国标准化法实施条例》（1990 年），历史性地推动了包括工程建设标准化在内的我国标准化事业的发展，适应了当时有计划的商品经济的需要。国务院《建设工程质量管理条例》的发布，催生了工程建设强制性条文及全文强制标准。2001 年 11 月，中国加入了世界贸易组织，这对我国长期以来实行的计划经济体制、管理模式、工作方法以及思想观念提出了新要求。

（三）工作基础

1. 我国参与国际标准化组织基本情况分析

截至 2018 年 12 月，我国专业标准化技术委员会（含分委员会）总数多达 1288 个，其中，与 ISO 组织对接的约占总数的 20%（见图 1-1），但仍有 80% 的专业技术委员会未有对接组织，对接工作存在巨大的上升空间。图 1-1 为我国专业标准化技术委员会与 ISO 对接情况。

截至 2019 年 6 月，我国已承担 ISO 和 IEC 技术机构主席职务 70 个（见图 1-2），其中承担 ISO

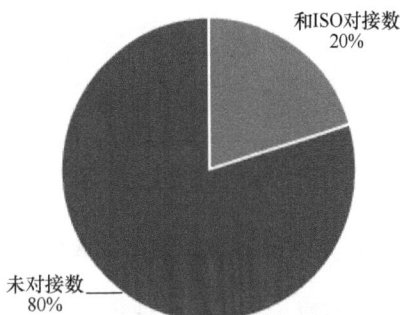

图 1-1　我国全国专业标准化技术委员会与 ISO 对接情况

技术机构主席 58 个，IEC 技术机构主席 12 个。

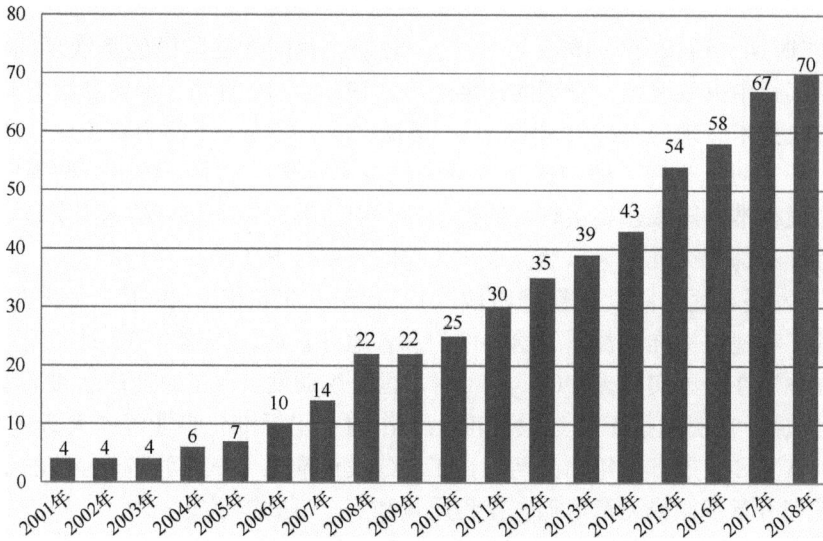

图 1-2 承担 ISO/IEC 技术机构主席职务数量

截至 2019 年 6 月，我国承担 ISO 技术机构秘书处 79 个（见图 1-3）。秘书处数量占比为 10%。另外我国还承担 IEC 技术机构秘书处 9 个，其中技术委员会（TC）秘书处 5 个，分技术委员会（SC）秘书处 4 个，秘书处数量占比 4.4%。

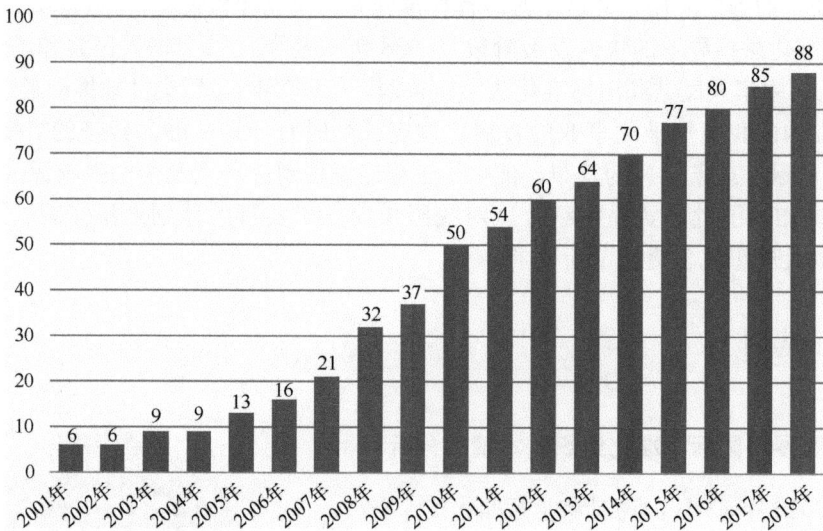

图 1-3 承担 ISO/IEC 技术机构秘书处数量

2. 我国主导制定国际标准情况

现阶段中国国际标准化工作比较艰巨，国际标准制定与发达国家相比还有很大差距，我国提交 ISO、IEC 正式发布的国际标准占 ISO 和 IEC 标准。比例仅 1.5%，承担 ISO 和 IEC 秘书处的数量也低于德国、法国、美国及欧美发达国家。在这样的情况下，一项标准被纳入国际标准，不仅可带来较大的经济效益，还能决定一个行业的兴衰，鼓励更多的企业将先进的技术转化为国际标准，这是我国提升国际竞争力的必然要求。同时，国家发改委提供企业转型扶持资金，鼓励制定国际标准，帮助企业攻克技术贸易壁垒进而打入国际市场。

截至 2018 年 12 月，我国主导制定的 ISO/IEC 国际标准已达 371 项，近两年在 ISO 提交和立项的国际标准逾 200 项。

中国主导制定 ISO/IEC 国际标准的数量一直在增长，这与我国逐渐开始重视国际标准的制定有密不可分的关系，可是相对于 ISO/IEC 已发布的两万多项标准来说我们还有很长的路要走。

由国家住房和城乡建设部归口管理的国际标准化组织的国内技术对口承担单位共 20 家，详情见表 1-1。

住房和城乡建设部归口管理 ISO 国内技术对口单位情况　　　　表 1-1

序号	TC 编号	名称
1	ISO/TC 10/SC 8	技术产品文件——施工文件 Technical product documentation—Construction documentation
2	ISO/TC 59	建筑与土木工程 Buildings and civil engineering works
3	ISO/TC 71	混凝土、钢筋混凝土及预应力混凝土 Concrete, reinforced concrete and pre-stressed concrete
4	ISO/TC 86/SC 6	制冷和空气调节——空调器和热泵的试验与评定 Testing and rating air—Conditioners and heat pumps
5	ISO/TC 98	结构设计基础 Bases for design of structures
6	ISO/TC 116	供暖 Space heating appliance
7	ISO/TC 127	土方机械 Earth-moving machinery
8	ISO/TC 142	空气和其他气体的净化设备 Cleaning equipment for air and other gases
9	ISO/TC 144	空气输送和空气扩散 Air distribution and air diffusion
10	ISO/TC 161	燃气和/或燃油的控制和保护装置 Control and protective devices for gas and/or oil
11	ISO/TC 162	门窗和幕墙 Doors and windows

续表

序号	TC 编号	名称
12	ISO/TC 165	木结构 Timber structures
13	ISO/TC 178	电梯、自动扶梯和自动人行道 Lifts, escalators and moving walks
14	ISO/TC 179	砌体结构 Masonry-STAND BY
15	ISO/TC 195	建筑施工机械与设备 Building construction machinery and equipment
16	ISO/TC 205	建筑环境设计 Building environment design
17	ISO/TC 214	升降工作平台 Elevating work platforms
18	ISO/TC 224	涉及饮用水供应及废水和雨水系统的服务活动 Service activities relating to drinking water supply wastewater and stormwater systems
19	ISO/TC 268/SC 1	智慧社区基础设施 Smart community infrastructures
20	ISO/PC 305	可持续的污水排放系统 Sustainable non-sewered sanitation systems
21	ISO/PC 318	社区规模的资源型卫生处理系统 Community scale resource oriented sanitation treatment systems

截至 2019 年 6 月城乡建设领域主导制定国际标准 16 项，详情见表 1-2。

城乡建设领域主导制定国际标准情况　　　　　　表 1-2

序号	国际标准编号及标准名称	项目阶段
1	ISO 19720-1：2017 混凝土及灰浆预制机械与设备术语和规格	已发布
2	ISO 21723：2019 Buildings and engineering works—Modular coordinationg—Module 建筑和土木工程—模数协调—模数	已发布
3	ISO/CD 22496 Windows and pedestrian doors-Terminology 门窗—术语	委员会阶段
4	ISO/CD 22497 curtain walling-Terminology 幕墙—术语	委员会阶段
5	ISO/NP 29461-7 Air filter intake systems for rotary machinery—Test methods—Part 7：Water endurance test for air filter elements 旋转式空气动力设备进风过滤系统-实验方法—第 7 部分：空气过滤抗水雾性能试验方法	提案阶段

序号	国际标准编号及标准名称	项目阶段
6	ISO/PWI23136 Dual Wavelength UV Deice—Measurement of Output fo Dual Wavelength UV lamp 双波段紫外线灯输出功率的测量方法	预研阶段
7	ISO/FDIS 37156 智慧社区基础设施信息交换共享	批准阶段
8	ISO/DIS 37163 Smart community infrastructures—Guidance on smart transportation for allocation of parking lots in cities 智慧城市基础设施-智慧交通之城市停车场分配指南	征询意见阶段
9	ISO/CD 37164 Smart community infrastructures—Smart transportation using fuel cell LRT 智慧城市基础设施—使用燃料电池轻轨的智慧交通	委员会阶段
10	ISO/DIS 37165 Smart community infrastructures—Guidance on smart transportation by non-cashi payment for fare/fees in transportation and its related or additional services 智慧城市基础设施—智慧交通之无现金支付指南	征询意见阶段
11	ISO/AWI 37166 Smart community infrastructures—Specification of multi-source urban data integration for smart city planning (SCP) 智慧城市基础设施—智慧城市规划多源数据集成规范	预立项阶段
12	ISO/WD 37170 Smart community infrastructures—Data and framework of digital technology apply in smart city infrastructure governance 城市数字化治理与服务	准备阶段
13	ISO/WD 24540 Principles for effective corporate governance of water utilities 高效的水务企业治理原则	准备阶段
14	Smart water management for wastewater treatment—Part 1: Principles and functional requirements for wastewater treatment systems 污水处理智能化管理—第一部分：污水处理系统原则和功能要求	立项阶段
15	Smart water management for wastewater treatment—Part 2: Guidelines for decentralized wastewater treatment systems in rural areas 污水处理智能化管理—第二部分：农村分散式污水处理系统智能化管理指南	立项阶段
16	Smart water management for wastewater treatment—Part 3: Guidelines for online monitoring and risk management of industrial wastewater 污水处理智能化管理—第三部分：工业废水在线监测与风险预警指南	立项阶段

（四）竞争优势

从我国工程建设项目境外实施的国际竞争力看，实施工程建设标准国际化的条件已经成熟。

一是我国工程建设项目具有较高的性价比。以我国企业在印度、越南等国家承揽的火电和水电工程建设项目为例，我国技术和国外先进水平基本相当，部分设备技术水平甚至还优于其他国家，但每千瓦造价平均比其他国家低 5%～10%。根据世界银行发布的中国高铁建设成本数据，时速为 350 公里的铁路建设项目的加权平均单位成本仅相当于国际常规建设成本的 43%；时速 250 公里的铁路建设项目的加权平均单位成本相当于国际常规建设成本的 30%，成本优势十分明显。一般情况下，中国建设高铁的国际报价为每公里 0.3 亿美元，欧洲建设成本为 1.5 亿～2.4 亿美元，美国则高达 3.2 亿美元。

二是重大项目品牌示范效应明显。在国际承包工程市场项目大型化、复杂化的发展趋势下，我国企业承揽大型项目能力进一步提升，大项目数量也在持续增加。2017 年，中国对外承包工程业务整体规模稳步攀升，新签合同额 2652.8 亿美元，完成营业额 1685.9 亿美元。新签合同额 10 亿美元以上的项目共 41 个，较上年增加 8 个，新签合同额 1 亿美元和 5000 万美元以上的项目数量也逐年增加，集中在铁路建设、一般建筑、石油化工、电力工程等领域。一批基础设施互联互通和国际产能合作重点项目成为对外承包工程业务标杆：蒙内铁路正式建成通车运营，中老铁路首条隧道全线贯通，中泰铁路一期工程开工建设，匈塞铁路、巴基斯坦 PKM 高速公路等建设顺利，众多区域互联互通项目积极推进。以中白工业园、埃及苏伊士经贸合作区等为代表的境外经贸合作区有效推进，全产业链带动我国企业"走出去"，促进了更多行业和领域的产能合作。2018 年，在全球经济增长缓慢、贸易保护主义抬头、国际工程市场总体承受下行压力的形势下，对外承包工程行业在共建"一带一路"倡议引领下，以基础设施等重大项目建设和国际产能合作为重点，不断探索培育行业新的发展优势和竞争力，行业总体发展从快速发展向稳中求进转变，新签合同额 2418.0 亿美元，完成营业额 1690.4 亿美元。新签合同额在 5000 万美元以上的项目 847 个，较上年增加 65 个；上亿美元项目 467 个，较上年增加 31 个。对外承包工程各专业领域集中度仍保持相对稳定，交通运输建设、一般建筑和电力工程建设领域继续占据对外承包工程行业领域的前三强。一大批重点基建合作项目，如巴基斯坦卡拉高速公路、阿联酋迪拜哈翔清洁燃煤电站、肯尼亚内马铁路等顺利推进实施，成为行业稳健发展的重要支撑。截至 2018 年底，对外承包工程业务累计签订合同额 2.3 万亿美元，完成营业额 1.6 万亿美元。

三是我国企业具有较高的施工效率。我国在多个行业分别拥有一批专业的设计和施工队伍，组织纪律性强、劳动效率高、推进项目速度快，平均施工工期比西方公司缩短 5%～10%。在土耳其安伊高铁项目实施过程中，为加快项目进度，中方承揽企业从国内调拨了一批施工人员参加项目建设。中方人员推进项目建设的速度赢得当地人员一片赞叹，纷纷感叹于"中国速度"和"中国效率"。

四是我国金融机构可以提供优质的融资配套服务。随着我国企业开拓国际市场步伐加快，我国金融机构也不断拓展国际业务，提高服务质量，为企业承揽海外大型项目提供有力的融资保险支持。据不完全统计，在过去的十几年中，我国大型成套设备企业有超过数千亿美元的海外项目获得我国金融机构的融资支持，有力带动了我国技术、标准、品牌开拓国际市场。

从中国标准在境外应用的内涵来看，标准国际化是依托中国的产业、技术、贸易和市场优势，充分发挥我国在国际标准化活动中的影响力，得到其他国家、区域及国际组织的认可、采用或实际应用，有效支撑我国对外经贸与国际技术合作，推动我国技术、品牌、质量和服务国际化的重大战略。中国标准在境外应用，一定是紧贴国际贸易需求，且我国在该领域具备明显的贸易、技术或市场优势。标准国际化应与我国对外政治、经济、贸易和技术交流活动等紧密衔接，标准国际化的最终目标是推动我国企业、产业国际化。

标准国际化主要包括三个方面的具体内容，一是标准制定过程的国际化，我国标准制定要有国际化的视野和博采众长的理念，标准制修订程序更加公开透明，鼓励国内国外的专家共同为我国标准的制定贡献智慧和经验；二是标准内容的国际化，提高我国标准与国际国外标准化体系的一致性，推动我国标准充分反映国际先进技术的最新发展，最广泛适应产业国际国内两个市场发展的需求，提高我国标准的国际代表性，提升标准水平；三是标准服务对象的国际化，推动我国标准不仅要服务于我国经济和社会发展的需求，还要服务于更多国家的发展和全球经济贸易活动的需要。

标准是全球通用语言、谁把住了标准，往往就把住了产业，把住了市场竞争主动权。世界主要发达国家都把标准竞争作为科技竞争、经济竞争的制高点，从国家战略层面，把推动本国技术和标准成为国际标准作为提高本国企业国际市场竞争能力、提高国际市场占有率的有效途径，通过标准与专利、法规相结合，控制重大战略产业和新兴产业发展。英特尔和微软正是通过中央处理器（CPU）和操作系统的标准，主导了全球计算机产业系统和产业链，牢牢控制产生利润的最关键环节。据日本人测算，一项新技术标准或一项技术条件转化为国际标准能带来 300 亿日元（折合人民币 20 亿元）的经济效益。根据美国国家商务部的统计，80% 以上的国际贸易受到标准的影响，相当于每年超过 13 万亿美元的贸易量。从经济战略利益来看，标准化制度是一种经济竞争战略，是争取主导地位的手段，标准制定者可享有最大利益，标准的应用者和消费者得到利益较小。从发达国家的标准化建设战略来看，主要措施和策略包括争夺标准制定的主导权、控制标准化经济利益分配权和占有标准建设的知识产权。美国实施"再工业化"战略和德国实施"工业 4.0"战略，都把标准化作为支撑战略的重要手段。所谓"得标准者得天下"，深刻揭示了标准的全球影响力。我们要充分认识到推动标准国际化是一项长期性工作，需要不断深入摸索，随着我国技术、产业实力和国际影响力的不断提升，从而得到目标国的认知、认同乃至实际应用和采用。

二、国内标准概况

我国现有的标准体系与我国有关的法律、法规共同组成一个紧密关联的法规标准体系，体系层次明确，体系内容相互支撑。2018 年 1 月 1 日起施行的《标准化法》规定：国家标准分为强制性标准和推荐性标准，行业标准、地方标准是推荐性标准；将原来的强制性国家标准、行业标准和地方标准统一整合为强制性国家标准，并对强制性标准的范围做了严格的限定。对满足基础通用、与强制性国家标准配套、对各有关行业起引领作用等需要的技术要求，可以制定推荐性国家标准。推荐性国家标准由国务院标准化行政主管部门制定。对没有推荐性国家标准、需要在全国某个行业范围内统一的技术要求，可以制定行业标准。行业标准由国务院有关行政主管部门制定，报国务院标准化行政主管部门备案。推荐性国家标准、行业标准、地方标准、团体标准、企业标准的技术要求不得低于强制性国家标准的相关技术要求。制定推荐性标准，应当组织由相关方组成的标准化技术委员会，承担标准的起草、技术审查工作。制定强制性标准，可以委托相关标准化技术委员会承担标准的起草、技术审查工作。未组成标准化技术委员会的，应当成立专家组承担相关标准的起草、技术审查工作。标准化技术委员会和专家组的组成应当具有广泛代表性。国家鼓励社会团体、企业制定高于推荐性标准相关技术要求的团体标准、企业标准。

由此可见我国将标准分为国家标准、行业标准、地方标准、团体标准和企业标准五类。根据法律的约束性分强制性标准、推荐性标准、标准化指导性技术文件。根据标准的性质分技术标准、管理标准、工作标准。根据标准化的对象和作用分基础标准、产品标准、方法标准、安全标准、卫生标准、环境保护标准。工程建设领域标准按其适用性质和场所不同，分为工程标准（工程建设标准、工程技术规范等）和产品标准两大类，简单地可理解为：工程现场的行为规范，如规划、设计、施工、验收维护、运营等，均属于工程标准类；反之，对工厂内的行为规范、质量控制要求，以及工程现场之前或非现场行为的规则，属产品标准类。

（一）国家标准

国家标准是指对全国经济、技术发展有重大意义，且在全国范围内统一的标准。国家标准（包括工程建设产品国家标准，但不包括工程类国家标准）是由国务院标准化行政主管部门编制计划，组织制定（含修订），协调项目分工，统一审批、编号、发布，全国范围内统一的技术要求；工程类国家标准则由国务院工程建设行政主管部门编制计划，组织制定（含修订），协调项目分工，统一审批、编号、联合发布。如果法律对国家标准的制定另有规定，则必须执行法律的规定。国家标准一般以5年为限，超过5年，就要修订或重新制定。值得一提的是，标准是种动态信息，随着社会的进步和发展，必须更新以满足需要。

按照标准化对象，国家标准分为三大类，第一是技术标准，第二是管理标准，第三是工作标准。技术标准是指对标准化领域中需要协调统一的技术事项所制定的标准。包括基础标准、工艺标准、产品标准、试验检测方法标准，及卫生、安全、环保标准等。管理标准是指对标准化领域中需要协调统一的管理事项所制定的标准。工作标准是指对工作的范围、权利、责任、质量要求、检查方法、效果、程序、考核办法所制定的标准。

我国现行的国家标准代号有：强制性国家标准GB、推荐性国家标准GB/T、国家标准指导性技术文件GB/Z、工程建设国家标准GB 50×××系列、国军标代号GJB包括由国防科工委总装备部发布的标准。

根据《国务院关于印发深化标准化工作改革方案的通知》（国发［2015］13号）和《国务院办公厅关于印发强制性标准整合精简工作方案的通知》（国办发［2016］3号）要求，以强制性产品标准整合精简工作为基础，住房城乡建设部标准定额研究所受委托组织21个建设部标准化技术委员会和15个全国标准化技术委员以及业内专家学者，通过对产品标准现状与规律的研究、强制性标准属性的把握和标准体系内在逻辑的分析，研究建立了21个门类和31项全文强制性产品标准构成的《城乡建设领域强制性产品标准体系》（图1-4），可为城镇建设和建筑工业领域强制性产品标准科学立项和推进标准国际化提供有力支撑。

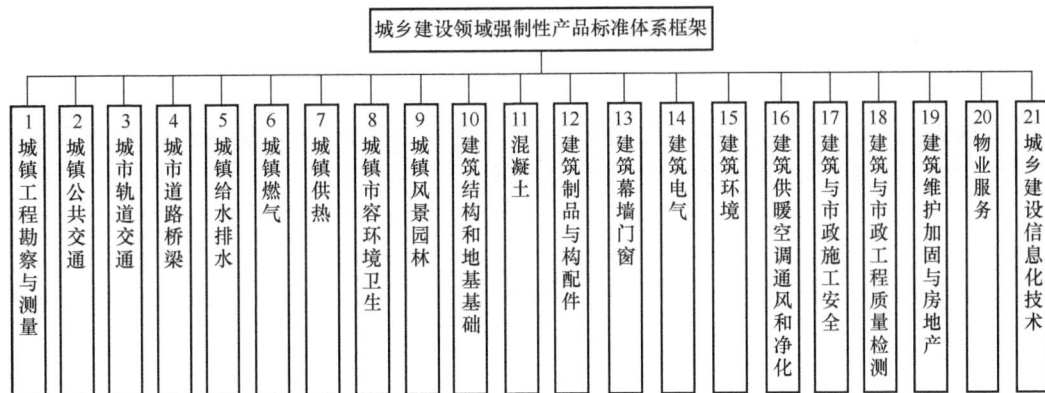

图 1-4　城乡建设领域强制性产品标准体系框架

(二) 行业标准

行业标准由我国各主管部、委（局）批准发布，在该部门范围内统一使用的标准，称为行业标准或者行标。例如：建筑、化工、冶金、机械、电子、轻工、农业、林业、水利、纺织、交通、能源等都制定过行业标准。行业标准由归口部门统一管理。行业标准的归口部门及其所管理的范围，由国务院有关行政主管部门提出申请报告，国务院标准化行政主管部门审查确定，并公布该行业的行业标准代号。

(三) 地方标准

地方标准由省、自治区、直辖市人民政府标准化行政主管部门制定；设区的市级人民政府标准化行政主管部门根据本行政区域的特殊需要，经所在地省、自治区、直辖市人民政府标准化行政主管部门批准，可以制定本行政区域的地方标准。地方标准由省、自治区、直辖市人民政府标准化行政主管部门报国务院标准化行政主管部门备案，由国务院标准化行政主管部门通报国务院有关行政主管部门。其编号由四部分组成：DB（地方标准代号）＋省、自治区、直辖市行政区代码前两位＋/＋顺序号＋年号。

(四) 团体标准

国家鼓励学会、协会、商会、联合会、产业技术联盟等社会团体协调相关市场主体共同制定满足市场和创新需要的团体标准，由本团体成员约定采用或者按照本团体的规定供社会自愿采用。制定团体标准，应当遵循开放、透明、公平的原则，保证各参与主体获取相关信息，反映各参与主体的共同需求，并应当组织对标准相关事项进行调查分析、实验、论证。国务院标准化行政主管部门会同国务院有关行政主管部门对团体标准的制定进行规范、引导和监督。

（五）企业标准

我国的企业标准是指对企业范围内需要协调、统一的技术要求，管理要求和工作要求所制定的标准。企业标准由企业法人代表或法人代表授权的主管领导批准、发布，一般以"Q"开头。企业标准的种类包括：企业生产的产品，没有国标、行标和地标的，制定企业标准；对国标、行标的选择或补充；为提高产品质量和技术进步，制定的严于国标、行标或地标的标准；生产、经营活动中的工作标准和管理标准；工装、半成品、工艺和方法标准。

三、国外标准概况

标准有助于确保更好、更安全、更有效的方法和产品，是技术、创新和贸易的基本要素。标准化组织是制定和发布标准及技术规则的机构，执行各种功能，旨在确保标准化的有效协调运作。标准化组织的发展情况反映了各个国家在国际标准化活动中的活跃程度。从国外建筑业法规体系和监管模式看，美国是当今市场经济制度最健全的国家，其建筑业也主要由市场调节，政府的监管行为简单而高效；英、德、法、日最为发达资本主义国家，其制度建设经历了长期调整和完善，其中德、法、日的法规体系对于同属于大陆法系的我国具有很强的借鉴意义。因此，重点关注美、英、德、法、日，借鉴发达国家的标准化体制对发展我国工程建设标准体系，开展标准国际化具有重要的参考意义。

（一）国际标准化组织及其标准

1. 运行体制机制

国际标准化组织（ISO）是世界上规模最大、最具影响力的国际标准化机构。1946 年10 月，共有 25 个国家标准化组织领导人在英国伦敦召开会议，会议讨论成立了 ISO。1947 年 2 月，ISO 开始正式运行，管理机构设在瑞士日内瓦。ISO 还是联合国经济和社会理事会的综合性咨询机构，是世界贸易组织技术性贸易壁垒（WTO/TBT）委员会的观察员。

ISO 成员分为 3 类：成员团体（正式成员）、通讯成员和注册成员。ISO 章程规定：1 个国家只能有 1 个具有广泛代表性的国家标准化机构参与 ISO。正式成员可以参加 ISO各项活动，有投票权。通讯成员通常是没有完全开展标准化活动的国家组织，没有投票权，但可以作为观察员参加 ISO 会议并得到其感兴趣的信息。注册成员来自尚未建立国家标准化机构、经济不发达的国家，他们只需交纳少量会费，即可参加 ISO 活动。目前，该组拥有 164 个国家成员体，占世界人口的 97%。贡献最大的 6 个成员团体被自动指定为理事会的常任成员。ISO 下设 238 个技术委员会，521 个分技术委员会，2625 个工作组和 151 个特别工作组，共 3535 个技术组织。拥有 3 万余名技术专家。主席由成员团体在全体大会上选举或通信投票方式产生，任期 3 年，不能连选连任。ISO 主席的选举，考虑了地理位置平衡等各种因素，由欧洲、北美洲、亚洲、大洋洲等地区的代表轮流担任。秘书长是中央秘书处的首席执行官。是代表本组织的签署人，有参加各种会议并发表意见的特权，但没有投票权。截至 2019 年 6 月，ISO 共发布了 22758 项国际标准。ISO 与国际电工委员会（IEC）和国际电信联盟（ITU）形成了全世界范围标准化工作的核心。其中，ISO 主要负责除电工标准以外的各个技术领域的标准化活动。

ISO 组织机构包括：全体大会、主要官员、成员团体、通信成员、捐助成员、政策发展委员会、合格评定委员会、消费者政策委员会、发展中国家事务委员会、特别咨询小组、技术管理局、技术委员会、理事会、中央秘书处等。其中，全体大会为该组织的最高权力机构，属非常设机构。1994 年以前，全体大会每 3 年召开一次，1994 年之后改为每年 9 月召开一次。ISO 理事会是 ISO 大会闭会期间的常设管理机构，理事会主要官员包括：主席、副主席（政策）、副主席（技术）、财务执行官、秘书长。技术管理局（TMB）是 ISO 技术工作的最高管理和协调机构。TMB 由 1 名主席和理事会任命或选举的 14 个成员团体组成。技术管理局每年召开 3 次会议，一般安排在 2 月、6 月和 9 月。TMB 的主要任务是：就 ISO 全部技术工作的战略计划、协调、运作和管理问题向理事会报告，并在需要时向理事会提供咨询；负责技术委员会机构的全面管理；审查 ISO 新工作领域的建议，批准成立或解散技术委员会（TC），修改技术委员会工作的导则；代表 ISO 复审 ISO/IEC 技术工作导则，检查和协调所有的修改意见并批准有关的修订文本；TMB 的日常工作由 ISO 中央秘书处（CS）承担。TMB 认为必要时，可设立一些专门机构，就有关标准化原理问题、基础问题、行业问题及跨行业协调问题、相关计划及必要的新工作等方面向 TMB 提出建议。TMB 的专门机构有标准物质委员会、技术咨询组和技术委员会。ISO 的技术活动是制定并出版国际标准。通过技术委员会（TC）和分委员会（SC）来开展。成立一个技术委员会或分委员会需由技术管理局批准。根据工作需要，每个 TC 可以设立若干 SC，TC 和 SC 下面还可设立若干工作组（WG）。每个 TC 和 SC 都设有秘书处，由 ISO 成员团体担任。TC 的秘书处由 TMB 指定，SC 的秘书处由 TC 指定。WG 不设秘书处，但由上级 TC 或 SC 指定一名召集人。ISO 建立了情报网，以利于信息沟通。目前向该网站提供快速存取的已超过 80 余个国家的标准信息中心，已经收入 50 万件标准、技术法规和标准类出版物，包括全部国际标准以及部分草案的数据。ISO 中央秘书处（CS）负责 ISO 日常行政事务，编辑出版 ISO 标准及各种出版物，代表 ISO 与其他国际组织联系。CS 由秘书长和所需成员组成。秘书长的财务和聘用条件由 ISO 主席确定。CS 承担全体大会、理事会、3 个政策制定委员会、技术管理局、标准物质委员会的秘书处工作。

2. ISO 标准文件

ISO 主要出版物有：国际标准（International Standard）、可公开获取的规范（Public Available Specification）、技术规范（Technical Specification）、技术报告（Technical Report）。

1）ISO 标准：按照协商一致的原则规定，国际标准草案（DIS）或最终国际标准草案（FDIS），经 75％ISO 成员团体和技术委员会 P 成员依照 ISO/IEC 导则第一部分：技术工作程序予以通过，批准为国际标准，由 ISO 中央秘书处出版。

2）ISO/PAS：是在工作组内达成一致的标准文件，具有和 ISO 国际标准同样的权威性。ISO 技术委员会（TC）和分委员会（SC）决定，将一个特定的工作项目制定为 ISO/

PAS，并且往往是同时批准其新的工作项目（NP）。ISO/PAS 必须得到 TC 和 SC 中大多数 P 成员的赞成，并与现行国际标准不得有抵触。

3）ISO/TS：即 ISO 技术规范，是在 ISO 技术委员会内达成一致的标准文件。TC 和 SC 决定将一个特定工作项目制定为技术规范，并且往往同时批准其为新工作项目。但 TC 和 SC 须得到 2/3 成员的支持。当委员会决定制定一项国际标准的支持票不够多时，可启动上述程序批准其作为技术规范出版。委员会的任何 P 成员或 A 级和 D 级联络机构可以建议，将现有的文件采纳为 ISO/TS。

ISO/TS 代替了现有的第 1 类和第 2 类技术报告，只使用一种文字。只要不与现行国际标准相抵触，它可以提出不同的解决方案。ISO/TS 每 3 年复审一次，以便确认在接下来的 3 年内继续有效，或修订成国际标准，或予以作废。6 年后，技术规范必须转成国际标准，或予以作废。

4）ISO/TR：ISO 技术报告，它只是提供信息的文件，它包含了通常与标准文件不同类型的信息。当委员会收集信息以支持某项工作项目时，可以通过大多数 P 成员投票决定是否以技术报告的形式出版该信息。如有必要，ISO 秘书长在与技术管理机构商议后，决定是否将该文件作为技术报告出版。

技术报告主要有 3 类：

第 1 类：原定作为标准但未获通过的文件；

第 2 类：用来表述特定领域的标准化方向，或者在某些情况下作为试行标准；

第 3 类：仅用于提供信息。

将来的 ISO/TR 仅指提供信息的文件（即第 3 类）。第 1 类和第 2 类技术报告，则作为 ISO/TS 出版。

5）ITA：即行业技术协议，是 ISO 机构以外的一个组织在指定成员的行政支持下制定出来的标准文件。ISO 理事会决定增加这种不依靠技术委员会的新的标准制定机制，是由于它的开放性，有关各方能够就特定的标准化问题标准实行商议，并达成 ITA。ITA 还列出了参加制定单位的名单。这种机制能够使 ISO 在目前尚无技术机构或专家的领域，而对标准化需要做出快速的反应。

6）ISO 主要出版物编号

ISO 标准文件编号方式如下：

ISO 标准编号规则为：ISO＋标准号＋出版年代，如 ISO 9000：2005。

ISO 技术报告编号规则为：ISO/TR＋标准号＋出版年代，如 ISO/TR 15377：2007。

ISO 公共规范编号规则为：ISO/PAS＋标准号＋出版年代，如 ISO/PAS 21308-1：2007。

（二）国际电工委员会及其标准

1. 运行体制机制

国际电工委员会（IEC）是世界上成立最早的国际性电工标准化机构，是制定和发布国际电工电子标准的非政府性国际机构，是联合国经济和社会理事会的专业性咨询机构，是世界贸易组织技术性壁垒（WTO/TBT）委员会的观察员。1906 年，澳大利亚、比利时、加拿大、法国、德国、匈牙利、意大利、荷兰、西班牙、瑞士、英国、美国、日本 13 个国家组织成立了国际电工委员会（IEC）。国际电工委员会的总部最初位于伦敦，1948 年搬迁至瑞士日内瓦。1947 年，IEC 作为一个部门并入 ISO，1976 年 IEC 又从 ISO 中分立出来，主要负责有关电气工程和电子工程领域中的国际标准化工作。拥有 60 多个成员国，占世界人口的 80%，占全球电力消耗量的 95%。IEC 标准涉及全世界约 50% 的产品。

IEC 成员分为 2 类：正式成员和协作成员。IEC 章程规定，1 个国家只能有 1 个机构以国家委员会名义参加 IEC。国家委员会可以由 1 个政府机构或学会、协会代表，也可以是由有关各方联合组成的专门机构。正式成员可以参加各项活动，有投票权；协作成员可以观察员身份参加所有会议，并在其自行选择的 4 个技术委员会（TC）或分委员会（SC）里，享有充分的表决权。2016 年 1 月，IEC 共有 97 个技术委员会、77 个分技术委员会，1375 个工作组、项目组或维护组。现有标准等各类出版物 10639 个，工作项目 1597 项。截至 2018 年 8 月，IEC 制定的现行标准数量为 11087 项，中国已经正式成为国际电工委员会（IEC）常任理事国。除中国外，还有美国、英国、法国、德国、日本。IEC 的各项决议必须有 4/5 票数赞成才能发布。

IEC 主要机构有：理事会（全体大会）、理事局、执行委员会、管理咨询委员会、标准化管理局、合格评定局、市场战略局、中央办公室等部门。IEC 官员有：主席、副主席、财务长和秘书长。理事会是 IEC 最高权力和立法机构，是国家委员会的全体大会，由全部国家委员会主席，IEC 主席、副主席、财务长、秘书长等 IEC 官员和所有往届主席，IEC 理事局成员组成。每年至少召开 1 次会议。理事会负责制定 IEC 政策和长期战略目标及财政目标；选举理事局、标准化管理局及合格评定局成员和主席；修改 IEC 章程及议事规则等。闭会期间，将所有管理工作委托给理事局，而标准化和合格评定领域的具体管理工作分别由标准化管理局（SMB）和合格评定局（CAB）负责。理事局（CB）是主持 IEC 工作的最高决策机构，负责提出并落实理事会制定政策，由 IEC 官员和 15 名由理事会选出的投票成员组成。通常情况下，每年至少召开 2 次会议。CB 负责为理事会会议批准日程和准备文件，接收并审议标准化管理局、合格评定局和市场战略局（MSB）的报告。根据需要，可设立咨询机构，并制定咨询机构的主席及其成员。SMB 由 1 名主席（由 IEC 副主席担任）、IEC 秘书长、理事会选举的 15 个成员组成。通常情况下，SMB 每年召开 3 次会议。负责管理 IEC 的标准工作，包括：建立和解散 IEC 技术委员会或分委员会（TC/SC），并批准其工作范围；指定 TC/SC 主席，和分配秘书处；分配标准工作，标准项目的制修订时间进度；批准和维护《ISO/IEC 导则》；审议、计划新技术工作领域的需求和计划；维护与其他国际组织的联络关系。SMB 下设顾问委员会（AC）和战略组（SG）。CAB 是一个决策机构，由理事会选举的主席（IEC 副主席）、12 名成员（包括国家委员会制定的替补成员）、每个合格评定体系及独立体系的主席和秘书、IEC 财务长和秘书长等组成。CAB 负责设定 IEC 合格评定政策；促进和维护 IEC 与其他国际组织在合格评定事务上的关系；创建、调整和解散合格评定体系；跟踪和实施合格评定活动；检查 IEC 合格评定活动的连续相关性等。TC 是承担标准制修订工作的技术机构，下设分委员会（SC）和工作组（WG）、项目组（PT）、维护组（MT）等。TC、SC 由各成员国自愿参加，主席和秘书经选举产生，由 SMB 任命。执行委员会（ExCo）由 IEC 官员组成，负责向理事局报告 IEC 理事会和理事局决议的执行情况，通过秘书长和 CEO 监督所有 IEC 中央办公室的工作。ExCo 每年至少召开 4 次会议。中央办公室（CO）是 IEC 的办事机构和活动中心，负责监督 IEC 章程、技术规则、技术工作导则及理事会和理事局决议的贯彻实施。通过现代化电子手段和通信设施、保证项目管理、工作文件传递和标准最终文本出版发行等各项工作的正常运行。

IEC 的工作领域包括电力、电子、电信和原子能方面的电工技术。议定共同的表达方法，如名词术语、电路图的图形符号、单位及其文字符号，以及电磁理论等；制定试验或说明性能的标准方法，使有关质量或性能的叙述简洁明了，无须另定最低的要求；就这些标准试验方法，制定产品质量或性能指标；议定影响机械或电气互换性的特性，简化品种，以便进行大批量的连续生产；制定有关人身安全的技术标准。IEC 的工作语言由英语、法语、俄语。中央秘书处用英语和法语出版 IEC 标准和各项工作报告。俄罗斯国家委员会承担 IEC 标准和各种工作报告的俄语译本翻译出版工作。

2. IEC 标准文件

1）基础标准：名词术语、量值单位及其字母符号、图形符号、线端标记、标准电压、电流额定位和频率、绝缘配合、绝缘结构、环境试验、环境条件的分类、可靠性和维修性。

2）原材料标准：电工仪器用工作液、绝缘材料、金属材料电气特性的测量方法、磁合金和磁钢、裸铝导体。

3）一般安全、安装和操作标准：建筑物、船上的户外严酷条件下的电气装置、爆炸性气体中的电器、工业机械中的电气设备、外壳的保护、带电作业工具、照明保护装置、激光设备。

4）测量、控制和一般测试标准：电能测量和负载控制设备、电子技术和基本电量的测量设备、工业过程测量和控制、核仪表、仪表用互感器、高压试验装置和技术。

5）电力的产生和利用标准：旋转电机、水轮机、汽轮机、电力变压器、电力电子学、电力电容器、原电池和电池组、电力继电器、短路电流、太阳光伏系统、电气牵引设备、电焊、电热设备、电汽车和卡车。

6）电力的传输和分配标准：开关设备和控制设备、电线、低压熔断器和高压熔断器、电涌放电器、电力系统的遥控、遥远保护及通信设备、架空线。

7）电信和电子元件及组件标准：半导体器件和集成电路、印制电路、电容器和电阻器、微型熔断器、电子管、继电器、纤维光学、电缆、电线和波导、机电元件、压电元件、磁性元件和铁氧体材料。

8）电信、电子系统和设备及信息技术标准：无线电通信、信息技术设备、数据处理设备和办公机械的安全、音频视频系统的设备、医用电气设备、测量和控制系统用数字数据通信、遥控和保护、电磁兼容性，无线电干扰的测量、限制和抑制；报警系统；导航仪表。

IEC 标准文件编号方式如下：

IEC＋标准号×＋出版年代（例如：IEC 61196—9：2014）

或：CISPR＋标准号×＋出版年代（例如：CISPR 32：2012）

（三）国际电信联盟及其标准

1. 运行体制机制

国际电信联盟（ITU）是联合国系统中处理电信事宜的政府间国际组织。简称国际电联，总部设在瑞士日内瓦。1865 年 5 月 17 日，法国、德国、俄国、意大利、奥地利等 20 个欧洲国家代表在巴黎签订《国际电报公约》，成立了国际电报联盟。1868 年决定将总部设在瑞士伯尔尼。1906 年，德国、英国、法国、美国、日本等 27 个国家代表在柏林签订《国际无线电公约》。1932 年，70 多个国家代表在马德里召开第 5 届全权代表大会，决定把原有的两个公约合并为《国际电信公约》，制定了新的电报、电话、无线电规则，并将国际电报联盟改名为国际电信联盟（ITU）。1947 年，ITU 成为联合国的一个专门机构，其总部于 1948 年从瑞士伯尔尼迁到日内瓦。ITU 向政府机构和民间组织开放。各国政府机构可作为成员国加入 ITU，民间组织可作为 ITU 下属各部门的成员加入 ITU。目前，ITU 有 193 个成员国，此外还有来自电信、广播和信息技术领域的部门成员，以及部门准成员组成。ITU 的最高权力机构是全权代表大会，每 4 年召开 1 次。ITU 理事会行使大会赋予的职权，理事会每年召开 1 次会议。总秘书处负责日常工作，拟定战略方针与策略，管理各种资源，协调各部门的活动等。ITU 下设电信标准化部门（ITU-T）、无线电通信部门（ITU-R）和电信发展部门（ITU-D）三大技术部门。ITU-T 通常每 4 年召开 1 次世界电信标准化大会，主要任务是审议与电信标准化有关的具体问题；审议并通过标准化建设。我国于 1920 年加入国际电信联盟，1932 年第一次派代表参加国际电信联盟全权代表大会，1947 年首次被选为 ITU 行政理事会的理事。1972 年 5 月 30 日，ITU 行政理事会第 27 届会议通过决议，恢复中国的合法席位。1972 年起一直是 ITU 理事国，目前由工业和信息化部代表我国参加 ITU。截至 2018 年 8 月，ITU 制定的现行标准数量为 12717 项。

2. ITU 标准文件

标准编号：ITU-T＋标准号＋出版年代

例如：ITU-T Z. 601-2007（ITU-T 代表电信标准化部制定的标准，Z. 601 是标准序号，2007 是标准出版年份）。

（四）欧盟标准

欧洲标准化组织是相对独立的机构，欧盟委员会与欧洲标准化工作的关系是：协调标准化政策，负责与各利益相关方间的合作；推广欧洲标准，为欧洲立法及政策提供支持，提高欧洲产业的竞争力；筹备年度联盟工作部署；为欧洲标准委员会、欧洲电工标准委员会、欧洲电信标准委员会制定标准化要求；为欧洲标准委员会、欧洲电工标准委员会、欧洲电信标准委员会提供运营资金支持。欧洲标准化的核心为以欧洲法规为基础，协助满足欧洲立法和市场准入要求，奉行成员国加入原则，成员国的权利和义务是制定的标准，使利益相关方资源的有效利用。欧盟的法规标准体系是由欧盟指令和欧洲协调标准两层结构组成。欧洲法规与协调标准的关系为标准支撑法规。

1. 欧洲三大标准化组织

欧洲有三大标准化组织，分别为欧洲标准化委员会（CEN）、欧洲电工标准化委员会（CENELEC）和欧洲电信标准协会（ETSI）。

（1）欧洲标准化委员会（CEN）由 33 个成员国组成，是连结 33 个国家的标准化团体，欧洲标准化委员会包括欧盟 28 个成员国、欧洲自由贸易联盟 4 个成员国和土耳其共同组成。欧洲标准化委员会（CEN）是在 1991 年签订维也纳协议的框架下，与国际标准化组织（ISO）密切合作的欧洲标准化组织，经由欧盟及欧洲自由贸易联盟的官方认可，负责自愿性欧洲标准的制定工作，为欧洲标准及其他技术性文件的制定与发展创造了平台，涉及多种领域如产品、材料、服务与生产流程等。CEN 支持不同领域的标准化活动，其中包括航空，化学，建筑，消费品，安全保护，能源，环境，食品与动物饲料，健康安全，医疗，信息和通信技术，机械，材料，压力装置，服务，智慧生活，交通，产品包装等领域。

（2）欧洲电工标准化委员会（CENELEC）主要负责电工工程领域的标准化，由 33 个成员国组成。CENELEC 是在 1996 年签订德累斯顿协议的框架下，与国际电工委员会（IEC）密切合作的欧洲标准化组织。主管电工工程领域自愿性标准的制定，致力于促进国家之间的贸易，开发新型市场及降低成本，尽可能采用国际标准，力求在欧洲层面及国际层面上扩大市场准入。

（3）欧洲电信标准协会（ETSI）于 1988 年在法国南部法国索菲亚科技园成立，是非营利性独立的国际组织。ETSI 标准全球通用，经济上摆脱了欧盟委员会支持，是欧盟委员会出资，但不是政府机构。由 800 多个成员组成，广泛分布在五大洲 64 个国家，ETSI 每年发布 2000 到 2500 项标准，自 1988 年成立以来，已发布超过 30000 项标准，这些标准包括如 GSM™、3G、4G、DECT™、智能卡等全球关键技术标准，以及众多全球成功商业标准。

2. 欧洲标准化情况

（1）欧洲标准化现状。欧洲标准化组织欧洲标准化委员会（CEN）和欧洲电工标准化委员会（CENELEC）拥有 200000 余名专家，486 个专业技术委员会，1809 个工作组，21596 项标准。

欧洲标准化体系目标一是支持和加强欧洲联盟统一市场的成果；二是加强欧洲利益相关方在国际市场的竞争力；三是保障欧洲经济和福利在全球化中的可持续发展；四是确保欧洲在国际标准化过程中的参与的有效性。33 个成员国制定的标准与欧洲现行标准协调统一。

（2）欧盟指令

欧盟的法律基础是欧盟法规（EU Regulation 1025/2012）。欧洲的标准支持 39 个欧洲指令和法规，其中 4300 多项标准为欧盟法规提供支持。

标准支撑新方法指令（Standards support legislation the New Approach）：

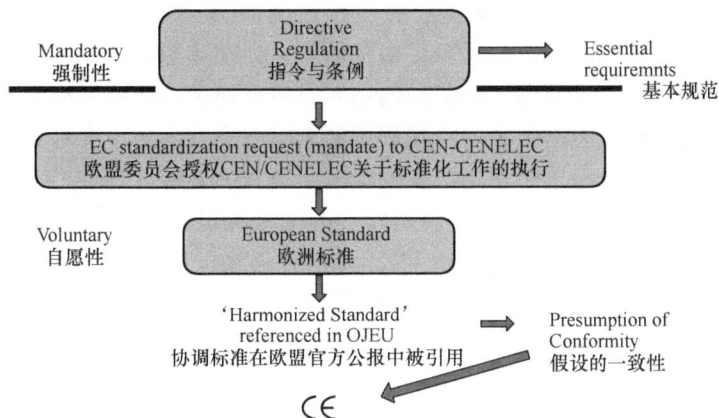

（3）欧洲标准化组织标准的制定。欧洲标准化组织 CEN 或 CENELEC 制定新领域的欧洲标准，首先成立一个欧洲技术委员会，秘书处由一个成员国承担，而其他成员国也要参与到标准制定中来。为了与欧洲技术委员会相对应，要在欧盟各成员国中成立国家对口技术委员会（即国内技术对口单位），以保证各利益团体在国家的层面，运用自己的语言参与到标准制定中来。这些国家对口技术委员会（国内技术对口单位）对新标准的起草与投票编写提出相应的意见和建议，并提交给欧洲技术委员会。

欧洲标准化的参与原则是参与国家对口的技术委员会，在欧盟成员国是合法注册的组织；欧盟成员国派专家参与欧洲标准化委员会 CEN 和欧洲电工标准化委员会 CENELEC 技术委员会的相关工作；欧盟成员国根据本国技术委员会意见对欧洲标准投票；欧洲标准化委员会，欧洲电工标准化委员会的技术委员会由专家制定标准，成员国进行投票。

（五）美国标准

美国实行民间标准化优先的政策。联邦政府只负责制定一些强制性标准，比如美国国家标准协会号称是"自愿标准体制"的协调者，其本身不制定标准。美国标准的制定主要依靠专业学会、行业协会等民间机构，生产企业和技术专家在非政府专业组织内协同、制定、出版标准，不受国家任何规章的制约，不同组织之间自由竞争。制定的标准一旦被立法机构采纳，就成为强制性法规。因此，在美国实行双重体系，明确划分强制原则和自愿原则。美国标准体系分散，其国家标准化战略的目标就是把这些体系有机地联系起来，例如通过改善标准开发体系，体现消费者的利益和需求，通过扩大标准体系，将所有贡献的机构纳入；改进国内的标准研发状况，满足一致性要求，各机构和团体之间增进联系，以及为标准化基础体系建立稳定的筹款机制。美国标准体系包括自愿性标准体系和强制性技术法规体系两个部分，最显著的特点是自愿性和分散性。大约有 700 个机构各自制订标准，包括政府机构和非政府机构，如标准化机构、工贸协会、科学和专业协会、其他社团组织、非正式标准制订机构等。

1. 美国国家标准协会标准

美国的标准体制是高度分散、独立、民间主导和高度市场化的自愿性体制。美国有许多个标准制定机构，包括政府的和非政府机构，例如 ASME、ASTM、IEEE、NFPA、API 等世界权威的知名标准制定机构。在很多国家，标准体系是自上而下，通常是由一个政府机构主导全国的标准化活动。而美国的体系是自下而上，允许标准使用者推动标准化活动。这种方式的优点在于增强了向市场提供和实施解决方案的速度和灵活性，鼓励利益相关者广泛参与、并且有助于防止不必要的或过于繁重的要求。

美国国家标准学会（ANSI）是美国国家标准的批准机构，也是美国官方认可的民间标准机构的协调中心。ANSI 是私营部门技术标准化活动的协调者；是包括几乎所有行业的数千个标准和指南的制定、颁布及使用的监管者；是公共和私营部门合作缔造最佳解决方案的促进者。美国政府在制订法规时往往采纳私营部门制定的标准。

ANSI 本身不是一个标准制定组织，但负责监管直接影响几乎所有行业发展和消费者的数千个标准、指南及合格评定方法的制定、发布以及使用。通过对标准制定组织进行认可，进而运行和维护美国国家标准。ANSI 的认可制度包括申请认可和维护认可。主要采取以下三种方式：

（1）由有关单位负责草拟，邀请专家或专业团体投票，将结果报 ANSI 设立的标准评审会审议批准。此方法称之为投票调查法。

（2）由 ANSI 的技术委员会和其他机构组织的委员会的代表拟订标准草案，全体委员投票表决，最后由标准评审会审核批准。此方法称之为委员会法。

（3）从各专业学会、协会团体制订的标准中，将其较成熟的，而且对于全国普遍具有重要意义者，经 ANSI 各技术委员会审核后，提升为国家标准并冠以 ANSI 标准代号及分类号，但同时保留原专业标准代号。

美国国家标准学会的标准，绝大多数来自各专业标准。另一方面，各专业学会、协会团体也可依据已有的国家标准制订某些产品标准。当然，也可不按国家标准来制订自己的协会标准。

ANSI 的标准是自愿采用的。美国学术界认为，强制性标准可能限制生产率的提高。但这不影响被法律引用和政府部门制订的标准，一般属强制性标准这一特点。

ANSI 作为美国官方代表参加国际标准化组织 ISO，以美国国家委员会名义参加国际电工委员会 IEC、参加国际认可论坛 IAF 和其他多级和区域论坛。

2. 美国主要民间标准化组织标准

（1）美国石油学会（API）标准

美国石油学会由开发石油和天然气的企业以及炼制、贮运和销售厂商组成，制定与石油工业有关的标准是该学会的主要任务之一，所制定的石油化工和采油机械技术标准被许多国家采用。通过制定标准，促进了石油工业科学技术发展，促进石油产品在国内外的销售，维护石油工业部门的利益。带有美国石油学会标志的石油机械被认为是质量可靠、技术水平先进的机械，其他国家的石油公司在采购石油机械时也都采用。

（2）美国机械工程师协会（ASME）标准

ASME 成立于 1881 年，制定了大量的工业和工业制造的规范和标准，涉及机械基础标准、紧固件、压力容器、管件、工具等。ASME 是 ANSI 成立时的 5 个发起单位之一，ANSI 的主要机械类的标准主要是由 ASME 协助提出，大部分纳入美国国家标准中。

ASME 参加制定国际机械标准的 ISO/TC 185（过压保护安全装置）技术委员会秘书处工作，同时 ASME 也有 ISO/TC 213（产品尺寸）、ISO/TC 29/第 10 工作组（小工具）等十几个委员会的标准制定工作。ASME 现行标准有 600 多项，涉及的机械基础标准、紧固件、压力容器、管件、工具等。ASME BPVC 始于 1911 年，制定的锅炉与压力容器规范是国际性的制订锅炉与压力容器的安全管理设计、检查的规则以及在原子能运行期间的锅炉和压力容器的检查等规则。1914 年就出版锅炉与压力容器的制造、使用材料、安全方面的规范，以后从美国逐步扩大到全世界，得到其他国家的广泛应用，目前已运行了 90 余年。BPVC 规范每 3 年左右修订再版一次，每半年出版一次补充本，目前出版有 31 册。ASME PTC 性能试验规范是对蒸汽锅炉、汽轮机、泵机、风机等机器的试验规定。

（3）美国材料与试验学会标准

美国材料与试验学会（ASTM）是美国成立最早、规模最大、成就最显著的学术团体之一。ASTM 是从事航空、核能、机械制造业、土木建筑、公路建设、重工业与日用品生产中使用材料的标准化研究的中心组织。它制定的标准在美国国家标准中占有重要地位，许多 ASTM 标准被国际标准化组织和各地区性团体正式确认，并成为他们颁布标准的基础。ASTM 制定的标准广泛涉及多种技术领域，包括有色和黑色金属、能源、塑料、环境分析、实验室认可、自动化和计算机化、高技术材料、质量与统计、质量控制等。ASTM 出版 6 种标准：

1）技术条件：对材料、产品、系统或服务需要达到的一套要求作严密的陈述，并说明能够评定是否满足各项要求的检查方法。

2）试验方法：鉴别、测量和评定材料、产品、系统或服务的一项或多项质量、特性或性能的限定程序。由此程序得出试验结果。

3）实施规范：进行一项或多项专门作业或操作的确定方法。

4）指南：系列选择方案或说明，它并不推荐某种具体的行动步骤。

5）分类：根据类似特性，如来源、成分、性能或用途，将材料、产品、系统或服务按体系整理排列或划分归类。

6）术语标准：由术语定义、术语说明、符号解释、缩写与首字母缩略语释义等构成的文件。

（4）美国防火协会（NFPA）标准

NFPA 成立于 1896 年，旨在促进防火科学的发展，改进消防技术，组织情报交流，建立防护设备，减少由于火灾造成的生命财产的损失。NFPA 制订防火规范、标准、推荐操作规程、手册、指南及标准法规等。

标准名称：全国防火规范（National Fire Code：NFC）。标准编号：标准代号＋一至四位数号＋制定年份。

（5）美国混凝土协会（ACI）标准

ACI 成立于 1904 年，致力于有关混凝土和钢筋混凝土结构的设计、建造和保养技术的研究，传播信息，涵盖有关混凝土和钢筋混凝土的物料组成和混合、建筑法规、认证和检验、设计、修理和养护等领域。

ACI 标准的分类是以其制定委员会三位数代号为分类的：100—研究与管理；200—混凝土材料与性能；300—实际施工规程；400—结构分析；500—特殊产品与工艺过程。

（6）美国军用标准（MIL）

美国军用标准（American military standard）是美国国防部为支持军需物资采购和武器装备生产而专门制定的各种标准化文件的总称，简称 MIL 美军标。

MIL 标准主要包括：

1）军用规范、军用标准、军用标准图纸、军用手册、合格产品目录；

2）美国国防部和美国政府其他部门共同制定的联邦标准和联邦规范、联邦合格产品目录和联邦信息处理标准出版物等；

3）专业协会、学会制定的标准；

4）与美国建立了军事协议和军事集团国家共同制定的一些地区性军用标准。

（7）美国土木工程师协会（ASCE）标准

ASCE 是 ANSI 认可的标准制定组织，成立于 1852 年，是一个非营利组织，至今已有 150 多年的悠久历史。会员包括来自 159 个国家超过 13 万人的专业人员。ASCE 是全球最大的土木工程机构，ASCE 已和其他国家的 65 个土木工程学会有合作协议，从事的工作有航空宇宙、建筑设计、土木工程领域的计算机应用、能源、水力学、工程项目管理、建筑设施性能、水路、港口、海岸和海洋等 20 多个领域的学术研究，在全美各个州建有分支机构，并同德国 FECIC 协会、加拿大 CSCE 协会成立了北美土木工程联盟协会（NAACE），在世界一些国家和地区建有分支机构，为与土木工程有关领域提供多种服务，促进土木工程事业在世界各国的发展。

ASCE 标准被纳入美国国家标准体系。ASCE 在全世界范围内收集信息，建立了一套大型土木工程信息数据库，成为 ASCE 会员就可享有。ASCE 每月发布报告提供土木工程方面研究最新的评估信息。目前，ASCE 现行标准约 145 项，涉及的领域有建筑设计、桥梁、建筑工程实施、自然风险、建筑设施性能、结构、水资源、给排水、建筑荷载。

（8）美国采暖、制冷与空调工程师协会（ASHRAE）标准

ASHRAE 是 ANSI 成员之一，成立于 1894 年，是国际性的标准制定组织，其空调制冷方面在全球处于领导地位。ASHRAE 在全球分 13 个区，由来自世界各地的 50000 个会员组成，设有 20 多个委员会，由标准委员会的标准指导计划委员会负责标准的制定和修订工作，主要为采暖、制冷、空调设备制定试验方法及设计、安装安全规程。从建立伊始，ASHRAE 即向制冷、空调设备向企业和消费者提供多种服务，促进企业在国内外市场的竞争。

ASHRAE 标准是美国国家标准，数量有 160 多项，与美国的北美照明工程师学会（IESNA）、国家消防协会（NFPA）等组织联合发布建筑通风、能效标准。

ASHRAE 承担制定国际制冷和空气调节标准、建筑物环境设计的 ISO/TC 86 、ISO/TC 205 技术委员会的秘书处以及 ISO/TC 180 太阳能技术委员会的第 1、4、5 工作小组的工作。

（9）美国焊接协会（AWS）标准

AWS 是 ANSI 认可的标准制定组织，成立于 1919 年，是非营利性标准制定组织，有 1500 个团体会员，有个人会员 50000 多名。专业领域包括青铜焊、锡焊、电焊、焊接质量、焊料、焊接材料等，为焊接制造商和焊接制造工业提供技术工具、技术支持。从建立伊始，AWS 即向焊接企业和消费者提供多种服务，促进焊接企业在国内外市场的竞争。

AWS 是 ANSI 下属委员会 ASC Z49（安全焊接与切割）的秘书处，AWS 标准制定的标准是美国国家标准。

AWS 承担制定国际齿轮标准的 ISO/TC 44（焊接及相关工艺）技术委员会的秘书处，同时 AWS 也是 ISO/TC 44/第 2 工作组（弧焊设备）、ISO/TC 44/第 3 分委员会（焊接耗材）的秘书处；ISO/TC 44/第 5 分委员会（焊接试验和检验）；ISO/TC 44/第 7 分委员会第 1 工作组（焊接符号）；ISO/TC 44/第 10 分委员会第 5 工作组（焊接程序规范和条件）。AWS 是国际焊接学会（IIW）的主要成员和国际电工委员会（IEC）的顾问，是泛美联合焊接协会成员和太平洋地区联合焊接协会成员。

AWS 现行标准约 554 项，涉及的领域包括：焊料材料和连接材料、焊接工艺规范切割和电弧焊、结构焊接、焊接机械和设备等。AWS 标准技术委员会有 100 多个由有青钢焊、锡焊制造商委员会、焊接设备制造商委员会组成。

（10）美国给水工程协会（AWWA）标准

AWWA 是 ANSI 授权的标准制定组织，成立于 1881 年，是一个国际性的非营利科学教育学会。拥有来自多个国家总数超过 57000 名的个人会员，其中还包括团体会员 4700 个。AWWA 主要从事饮用水的质量管理，给水工程的设计、建造、操作、管理、安全等方面的工作。

AWWA 标准是美国国家标准。与美国公共卫生协会和美国水污染控制联合会共同制定水与废水检验标准方法，并同美国其他几个组织联合成立美国水和废水管理中心。AWWA 是美国参加国际标准 ISO/TC 147（水质）技术委员会的成员，同时也是国际水处理联盟成员。目前，AWWA 现行标准约 177 项，涉及水源、水处理、配水、泵机等方面。

（11）发电系统协会（EGSA）标准

EGSA 成立于 1965 年，原名为发电机制造商协会，1971 年改为现名。EGSA 是一个国际性的工业组织，在世界范围内拥有接近 600 个会员，会员分不同的类型，他们由对现场（立地）电力设备进行设计、制造、销售、分发、租借、指定、服务以及使用的公司组成。EGSA 是世界上致力于完整的现场发电，即利用各种光电板或燃料电池来发电的最大行业组织。

（12）环境工业协会（EIA）标准

EIA 是 ANSI 委员会 ASC Z245（废物及可再生材料的设施技术和操作）的秘书处。EIA 是国家固体废物管理协会（NSWMA）和废物处理设施技术协会（WASTEC）的原生机构。EIA 代表着管理固体和医用废物、产品、废物处理设备、控制污染相关服务的公司和个人制定相关标准。

（13）建筑构件协会（SBCA）标准

SBCA 成立于 1983 年，现已成为唯一一家代表建筑构件制造商利益的国际贸易协会。SBCA 的成员数量不断增加还包括齿板和原始设备制造商、计算机工程及其他服务公司、木材厂、检验局、木材代理商和分销商、建筑商以及工程、市场与管理领域的专业人士。

（六）英国标准

英国是标准化立法最早的国家，标准化管理层次清晰、结构合理，政府只负责提出标准管理的大方向和要求，与标准化具体执行机构之间更多的是购买服务的关系。国家标准化主管机构主要提出需求方面，认为标准制定应商业化，一切必须符合市场和工业界的需求，充分尊重市场供求规律，让社会各界都充分参与标准化工作，共同协商一致，推动标准化工作。英国标准学会（BSI）作为标准化具体执行机构，在国家大的原则和要求下开展工作，所以在机构设置与工作机制中都充分兼顾本国标准化发展要求和区域、国际标准化发展要求。

BSI 总部设在伦敦，前身是英国工程标准委员会，成立与 1901 年，是世界上第一个国家标准化机构，是 ISO 的 5 大常任理事成员之一，是英国政府承认并支持的非营利性民间团体（1929 年得到英国〈皇家宪章〉的认可）。1931 年改称现名（BSI）。BSI 目前共有捐款会员（标准订购户）28000 多个，26500 个技术委员。BSI 设立标准部、测试部、质量保证部、市场部、公共事务部等业务部门，标准部是标准化工作的管理和协调机构。BSI 每三年制定一次标准化工作计划，每年进行一次调整，并制定出年度实施计划。

英国标准分三级：国家标准、专业标准和企业标准。英国制定标准的程序分为六个步骤：第一步提出制定标准的项目计划。第二步技术委员会制定标准起草工作方案及编制进度，标准由具体公司或研究所、实验室负责起草。第三步技术委员会提出标准草案，分发有关部门，并在《英国标准学会新闻》上发布，公开征求意见 2 个月。第四步技术委员会收集各方意见，进行讨论、研究，对公众提出的重大不同意见，技术委员会可邀请意见方来讨论，如果意见不被采纳要通知意见方，如果被采纳而对标准草案作了重大修改，则要重新征求各方意见，技术委员会对标准草案技术内容负责。第五步技术委员会通过标准草案最后审定稿，提交政策和战略委员会审批；政策和战略委员会不负责技术内容，只负责审查是否符合程序和有关规定。第六步通过审批的标准草案，由 BSI 标准编辑部负责制图和进行标准格式检查，最后由出版部出版发行。

截至 2018 年 8 月，BSI 已经制定发布了 33872 项标准，包括通用标准、实用规程汽车专业标准、船舶专业标准、航天专业标准等。BS 标准广泛应用于所有专业领域，可以作为仲裁的依据，也可以作为技术条件的依据。BSI 分为 4 中类型：英国国家标准 BS，英国欧洲标准 BS EN，英国欧洲 ISO 标准 BS ENISO，英国 ISO 标准 BS ISO。另外，英国对采用国际标准采取区别对待的方针，ISO、IEC 标准约有半数被英国标准所采用。英国国内标准和国家标准程序相同，并对不适于采纳为国家标准国际标准在 TC 内传达，并在 BSI 新闻上通告。国际标准一旦被欧洲标准采纳，并被欧共体法律法规引用，则成为对英国政府有约束力的文件，鉴于国际标准制定周期较长，有时发布临时性的英国标准以等待国际标准。如果有优秀的英国标准，则英国一般推荐其为国际标准初稿。BSI 委员会开始起草国家标准工作之前，往往查找国际标准或其他国家的标准，以便尽量使英国与国外标准一致。

（七）德国标准

1. 德国标准化学会标准

德国是欧洲标准化委员会（CEN）的成员国之一，德国标准（简称 DIN）在 CEN 中起着重要的作用，欧洲标准化委员会（CEN）中有二分之一的技术委员会秘书处设在德国。德国标准化学会是德国最大的具有广泛代表性的公益性标准化民间机构。成立于 1917 年，总部设在首都柏林。负责制定和发布德国标准及其他标准化工作成果并促进其应用，以助经济、技术、科学、管理和公共事务方面的合理化、质量保证、安全和相互理解。DIN 只有团体会员，没有个人会员。

DIN 的组织机构包括：

（1）全体大会：DIN 的最高权力机构，每年至少召开一次会议。

（2）主席团及其委员会：主席团是全体大会的常设机构，由至少 30 名、最多 50 名委员组成。主席团设主席 1 名，副主席 2 名，常务会长 1 名。主席团下设 5 个委员会：标准审查委员会、消费者委员会、德国合格评定委员会、财务委员会和选举委员会。

（3）总办事处：DIN 的实际工作机构，总部在柏林，科隆设有分部。总办事处由 DIN 会长主持全面工作，下设会长办公室、标准化部、合格评定部、国际关系部、行政管理与出版部。标准化部主管国内标准化工作。

（4）标准委员会：DIN 的技术工作机构，下设工作委员会，工作组以及分委员会。

（5）德国技术规则信息中心（DITR）：对国内外标准文献进行收集、加工、存储、咨询、服务的机构，由行政管理与出版部管辖。DITR 是德国的 WTO 咨询点。

DIN 在制定、修订标准时不断考虑到国际上和欧洲的动向，所以其经营的标准化项目数量也在逐年变化。随着时间的推移，越来越多的欧洲标准 EN 已被德国采用作为新的 DIN EN 标准，取代了原来的 DIN 标准。DIN 于 1951 年代表德国参加国际标准化组织（ISO）。DIN 是国际标准化组织 ISO 和国际电工组织 IEC 的积极支持者，在几百个技术委员会中，由它承担秘书国的约占 15%。DIN 是非政府组织，由 78 个标准委员会组成，并负责协调德国与地区及国际组织间的标准化事务，DIN 管理着 2.8 万多项产品标准。DIN 形成了由会员大会、主席、主任及委员会组成管理体制，标准委员会下设不同数量的工作组。CEN 是由欧盟成员国各自的国家标准化组织和欧洲自由贸易联盟（EFTA）的 3 个成员国共同组成。CEN 标准化技术委员会共有 300 多个，每个委员会由某个成员国的标准化组织负责，其主要任务就是编写欧洲标准。政府只管立法，执法是各国政府授权的民间检验机构。1970 年，由 DIN/VDE 联合组成的德国电工委员会（DKE）代表德国参加国际电工委员会（IEC）。DIN 还是欧洲标准化委员会（CEN）、欧洲电工标准化委员会（CENELEC）和欧洲电信标准学会（ETSI）的积极参加国，并在其中发挥着重要作用。

截至 2018 年 8 月，DIN 已经制定发布了 55499 项标准。

2. 德国工程师协会标准

德国工程师协会（VDI）是德国最大的工程师与自然科学家协会，该协会于1856年5月12日在德国的萨克森－安哈特州的哈尔兹地区成立，它的建立是为了纪念德国另一个协会，即位于柏林的茅舍学术协会的十周年庆。协会会员覆盖工业界、学术界、教育界等领域，是德国延续其强大的工业生命力的有力支持。

VDI是世界工程组织联合会（WFEO）的正式成员，下设45个区分会和18个专业协会，其中大学生和青年工程师约占1/3。拥有正式会员约13万人，其中大学生和青年工程师约占1/3，是欧洲最大的工程师协会，已经制定两千余项技术标准规范。

3. 德国电子技术协会标准

德国电子协会（VDE）成立于1893年，VDE总部位于法兰克福。VDE直接参与德国国家标准制定，1904年出版第一本标准。VDE是欧洲最大的科学和技术协会，拥有36000名工程师、科学家、IT专业人士、企业家和学生会员（包括1300家公司），也是欧洲最有测试经验的试验认证和检查机构之一，是获欧盟授权的CE公告机构及国际CB组织成员。它每年为近2200家德国企业和2700家其他国家的客户完成总数为18000个认证项目。迄今为止，全球已有近50个国家的20万种电气产品获得VDE标志。

（八）法国标准

法国标准化协会（AFNOR）成立于1941年5月24日，由法国政府颁布法令，确认AFNOR为全国标准化主管机构，并在政府标准化管理机构－标准化专署领导下，按政府指示组织和协调全国标准化工作，代表法国参加国际和区域性标准化机构的活动。AFNOR总部设在首都巴黎。现有6000多个会员，主要是团体会员，有少量个人会员。AFNOR代表法国于1947年加入国际标准化组织（ISO），又是欧洲标准化委员会（CEN）的创始成员团体。目前，法国共有31个行业标准化局（最多时达39个），承担了AFNOR 50%的标准制修订工作，其余50%则由AFNOR直接管理的技术委员会来完成。AFNOR现有1300多个技术委员会，近35000名专家参与工作。

法国国家标准（代号NF）是由AFNOR设立的技术委员会或行业标准化局负责制定。分布于各行业的行业标准化局是由标准化专员在征求各方面意见后，经政府有关部门批准而设立的。行业标准化局一般均设在本行业联合会的试验中心，为试验中心的一部分。行业标准化局是独立的专业性标准化机构，与AFNOR关系密切，一般都不制定自己的专业标准，而是为AFNOR起草NF草案，然后交由AFNOR按照规定程序批准后，作为法国标准发布实施。法国每3年编制一次标准制修订计划，每年进行一次调整。截至2018年8月，AFNOR已经制定发布了36026项标准。

法国标准分为正式标准（HOM）、试行标准（EXP）、草案标准（ENR）和标准化参考文献（RE）4种。文件版本如遇更新则使用最新版本。法国建筑和土木工程技术标准（NF）主要应用在法国及非洲法语区国家，包含原法国标准中没有录入到欧洲土木工程技术标准主体的大量内容。

法国标准使用的地区包括：

（1）法语为母语的国家：法国、比利时、卢森堡、加拿大魁北克、瑞士南部、圭亚那、瓜特罗普岛、马提尼克岛、圣马丁、联合群岛。

（2）法语为官方语言的国家：科特迪瓦、乍得、卢旺达、中非、多哥、加蓬、几内亚马里、布基纳法索、刚果（金）、喀麦隆、刚果（布）、贝宁、尼日尔、布隆迪、塞内加尔、吉布提、马达加斯加、海地。

（3）法语为主要语言的国家：阿尔及利亚、毛里塔尼亚、摩纳哥。

（4）小部分人群说法语的国家：美国-温哥华、埃德蒙顿、萨斯卡亚、温尼伯、新多伦多、苏格兰、新布洛斯维克、路易斯安那。中东-黎巴嫩、以色列、埃及、远东-老挝、越南、柬埔寨，还有南非、科摩罗群岛、塞舌尔、毛里求斯群岛。上述大部分国家在土木工程领域使用的标准都以法国标准为主，世界其他各国的标准为辅。

（九）日本标准

1. 日本工业标准调查会（JISC）标准

与世界上多数国家一样，日本标准管理体系同样以国家集权为主，但同时注重发挥民间力量。日本工业标准调查会（JISC）是日本国家标准化机构。日本现行的行政管理体制规定，经济产业省（原通商产业省）会面负责产业标准化法规制定、修改、颁布等管理工作，而日本工业标准调查会则具体负责日本工业标准的批准、发布等工作的执行。各个行业的技术标准的制定由相关行政管理省厅负责。根据日本《工业标准化法》规定，对于不同领域的日本工业标准，分别由不同的主管大臣分工负责。日本工业标准调查会是由经济产业省设置的审议会，对有关工业标准化进行调查审议。它具体负责组织制定和审议日本工业标准（JIS）。它是经济产业省大臣、国土交通大臣、厚生劳动大臣、农林水产大臣、文部科学大臣、总务大臣、环境大臣在工业标准，JIS标志制度、试验所登记制度等工业标准化方面的咨询机构。同时作为日本唯一的国际标准化组织（ISO）和国际电工委员会（IEC）的会员参加国际标准化工作。

日本工业标准调查会负责组织制定和审议日本工业标准。日本工业标准制定程序包括：首先，JIS的原稿由国家根据调查研究、委托、行业等自主制定；将制定好的原稿由主管大臣（经济产业大臣等）提交日本工业标准调查会讨论；经日本工业标准调查会审议过的JIS原稿向主管大臣报告，被报告的JIS原稿经主管大臣同意后，由官报公布于众。JISC的委员组成不越过30人，由相关主管大臣从具备相当学识和经验者中推荐，最终由经济产业大臣任命，委员任期两年。为了确保各工作环节的透明性，也采取了一些诸如让国内外有关人员参加的措施。JISC还担负日本工业标准制定的咨询和有关促进工业标准化的咨询和建议。JISC是日本经济产业省下设的机构，它可对促进工业标准化相关事宜给予答复和解释，或对各主管大臣提出建议，还要审议各方提出的工业标准方案并报告主管大臣。它主要是由具有JISC的最高议决权的总会来运营，总会下设标准部会和适合性评价部会；同时各部会又下设执行JIS审议的技术专门委员会。而且，总会还下设两个特别委员会负责特别事项的调查审议。特殊需要时可设临时委员。JISC下设基准认证振兴室、标准认证国际室、工业标准调查室、产业基础标准化推进室、环境生活标准化推进室、管理体系标准化室等职能部门。2001 年 JISC 又下设"标准部会"与"合格评定部会","标准部会"共有 27 个专业技术委员会。

JISC 有两种制修订标准的途径，一是由各主管大臣自行制定标准方案，交由 JISC 审议通过；二是相关人或民间团体以草案的形式，向不同的工业标准主管大臣提出申请，若主管大臣认为某项标准有制定必要时，则将方案交付 JISC 讨论。这种以民间目标准方案向 JISC 提出标准制定提案的数量接近全部提案的 80%。对于现有的工业标准，主管大臣必须在标准制修订至少五年内，提交 JISC 审议，以此决定某项标准是否有必要修订或废止。

在日本标准体系中国家标准是主体，包括 JIS、JAS 和日本医药标准，其中又以 JIS 最权威。行业协会有数百个专业团体受 JISC 委托，承担 JIS 标准的研究和起草工作，主要职责是协助 JISC 工作，而专业团体自身的标准并不多。除了团体标准化活动外，企业内部的标准化活动也很活跃，有技术经济实力的大企业、公司根据自己的产品情况制定公司或企业标准。日本标准化体制的特点是，政府在标准化活动中扮演着重要的角色，而且日本标准化体制充分发挥专业团体的作用，在发挥政府主导作用的同时又能够保证发布的标准符合行业发展要求。

在制定 JIS 标准时，日本注重基础工作的研究，制修订工作的重点是重视消费者利益、生态环境以及高新技术等领域，建立试验方法及评价方法等。国家标准制修订主要针对基础性、通用性的标准，所以日本将工业标准化的调查研究工作委托给具有丰富经验的民间机构完成，进行信息收集和实地调查，而且通过试验和检测等方法进行验证，建立某一领域的标准体系。日本对某项国家标准的调研周期较长，一般为三年。JIS 的起草工作主要是由政府委托行业协会，如日本规格协会或专业学协会，由相关团体组织中具有相当学术经验的人员组成草案制定委员会，向技术委员会提交 JIS 草案，完成草案的制定工作，JISC 审查通过，在政府公告上予以通告。相关学协会也可自行制定 JIS 草案，但需向政府主管部门提交制修订 JIS 标准的申请。政府主管机构或日本工业标准调查会秘书处也可亲自起草 JIS 标准。

日本标准的审议是按照《工业标准化法》规则的规定，由经济产业省大臣委托的委员、临时委员等专家成立审查会，对 JIS 草案是否可以作为 JIS 标准进行审议。而相关民间团体起草的 JIS 草案，一般由日本工业标准调查会下设的专门委员会进行调查审议。上报的草案审查通过之后，递交负责该专业的部会，进行再次综合审议。在专门委员会上审议通过的标准草案，需接受主管大臣的询问，若通过便可被确定为正式草案。整个调查审议过程一般约需一年时间。对于现行标准是否需要修订的审议工作，是从制定、修订或确认之日起到第五年的最后一天为止的五年内进行，最终确认 JIS 标准是否需修改或可继续执行，若需要修订的 JIS，则要起草修订草案。认为应取消的标准，则要按照上述制修订程序，由调查会会长就取消 JIS 的原因向主管大臣说明，正确反映各相关方意见，最终在公报上将确定的某项标准制修订信息公布。

JIS 标准按照专业领域分为十九大类，土木及建筑为 A 类，包括：

一般、构造/试验、检查、测量/设计、计划/设备、门窗/材料、部件/施工/施工机械器具等二级类目。

截至 2017 年末，JIS 标准已制定 10622 项。等同采用国际标准占比为 39％。

2. 日本规格协会（JSA）标准

日本规格协会（JSA）成立于 1948 年，负责工业标准的宣传普及工作，通过出版 JIS 标准和与标准及产品质量有关的出版物，召开全国和地方的标准化和质量管理讲习会、讲演会，进行有关标准化与质量管理的指导活动。JSA 为公益性民间组织。总部设在东京，在全国设有 7 个分部。出版物有 JIS 手册、英译 JIS 手册、JIS 术语辞典、JIS 用法系列等。

3. 日本机械学会（JSME）标准

日本机械学会具有 110 年的学术传统历史，目前的总会员数有 37163 人，已成为日本最大规模的学术专家集团。日本机械学会由身为技术社会骨干的机械相关技术人员、研究者、学生、法人会员组成。日本机械学会由覆盖机械相关学术领域的 21 个部门和以地域为中心开展业务的 8 个分部。日本机械学会编制的标准、指南类文档分为以下几种：国际标准（ISO）草案、日本工业标准（JIS）草案、日本机械学会一般标准、日本机械学会特定标准、日本机械学会规则认证认定标准等，统称为日本机械学会标准。学会标准编制包含了术语及产品等标准。

4. 日本建筑学会（AIJ）标准

日本建筑学会（AIJ）是日本权威性的建筑师组织。创建于 1886 年，最初由 26 位建筑师和建筑工程师组成，发展到现在的 35000 余名会员。是一个非政府、非营利的建筑师组织。下设 16 个专业委员会，又分为 600 个子委员会。出版物有《建筑工程标准规格书·解说》、《建筑基准法令集》、日本建筑学会环境标准（AIJES）等。

第二章 国外标准应用环境介绍

一、西亚

西亚、中东地区的代表国家有阿拉伯联合酋长国、沙特、卡塔尔、伊朗、土耳其等。由于历史原因标准均直接采用了英国标准；后期，各国并未单独研究本国标准规范，故而采用欧美规范可保其施工无忧同时也可增加欧美各国贸易输出。

西亚国家目前英标和美标占主导，欧标及当地标准为辅助。西亚、中东地区国家目前执行标准主要是欧美标准，部分德国标准，及部分本国标准。部分国家结合本国特殊地理和气候条件，在原本就长期存在的欧美标准基础上进行了有针对性的调整，形成了具有本国特色的工程建设规范。

西亚、中东国家相关本国特色规范主要是对一些核心的设计要求进行规定，而对于施工只是进行了总体描述，在许多施工细节、材料等方面规定很少，直接采用欧美规范。

以目前中东各国的建筑市场情况分析，未来将仍然会以欧美标准为主，以各国自身规范为辅，逐渐向当地标准主导地位靠近。

(一) 阿联酋

1. 基本情况

阿联酋系由 7 个酋长国组成的独立主权联邦国家，在历史上曾为英国的保护国，1971年 12 月独立。阿联酋的最高权力机构是最高委员会，由 7 个酋长国的酋长组成。重大内外政策制定、联邦预算审核、法律和条约批准均由该委员会讨论决定。阿布扎比酋长和迪拜酋长分别是总统和副总统的法定人选，任期 5 年。除外交和国防相对统一外，各酋长国拥有相当的独立性和自主权。联邦经费基本上由阿布扎比和迪拜两个酋长国承担。

阿联酋的法律系统深受法国、罗马和伊斯兰的影响，法律体系呈现出法国法、伊斯兰法与习惯法并存的局面。阿联酋的法律体系从纵向上大致分为宪法、联邦法律、国际协定和条约以及酋长国地方法律。阿联酋的立法机构是联邦最高委员会，有权制定与通过联邦法律。除了由立法机构制定的法律与各个部委制定的法规是通行全国的联邦法外，各酋长国拥有根据宪法就内部事务制定法令法规的权力。迪拜与哈伊马角是唯一没有将其法律系统完全并入联邦法律体系的两个酋长国。迪拜拥有独立于联邦法律的法庭与法官，在审判案件时，联邦法（诸如公司法与民法典）会被首先适用，只有在联邦法无明确指向的情况下，适用地方法规。

阿联酋公共工程部 2016 年更名为基础设施发展部，负责工程项目监管。

一般情况下，阿联酋政府招标的工程承包项目分为两大类，一是技术含量高的大型项目，采用直接国际招标的做法，其余项目均采用国内招标的办法，即投标的公司必须是在阿联酋注册的工程公司才可以参加竞标。外国承包商在阿联酋承接工程，必须在阿联酋设立机构，对此，每个酋长国规定了不同的要求。

2. 标准体系现状

阿联酋标准化与计量局（Emirates Authority For Standardization & Metrology，ESMA)是政府授权的阿联酋标准化机构，根据阿联酋 2001 年第 28 号联邦法（UAE Federal Law（28），2001）建立，负责制定、批准、出版、审查、修改、发布和改变标准和技术法规以及建立国家计量系统（National Measurement System，NMS）。其技术委员会主要包括动物产品技术委员会、农产品技术委员会、建筑材料和建筑技术委员会、化工及塑料产品技术委员会、石油产品和润滑油技术委员会、机械产品和汽车技术委员会、电器及电子产品和家电技术委员会。

为实现其目标，阿联酋标准化与计量局成立了技术委员会以研究标准的制定、更新和采用。这些技术委员会由来自政府和私人机构的科技领域的专家组成。目前阿联酋的技术委员会分布在标准部的四个处中：

（1）食品和农产品处：

农产品国家技术委员会；

动物产品国家技术委员会。

（2）机械及工程产品处：

建筑及建筑材料国家技术委员会；

机械产品标准国家技术委员会；

车辆标准技术小组委员会。

（3）电子电气产品处：

电气标准国家技术委员会；

家用电器标准技术小组委员会。

（4）消费者及化学品处：

石油及润滑剂标准部门国家技术委员会；

化工及塑料产品国家技术委员会。

3. 标准应用情况

阿联酋的标准分为强制性和自愿性两种。阿联酋标准化与计量局制定的标准均为自愿性标准，如果要成为强制性标准需要内阁进行批准。如，根据内阁条例 no. 114/2 的规定，目前阿联酋合格评定计划中的产品对应标准就是强制性标准。

由于历史原因，主要使用美标、英标、欧标、当地标准，其中美标占主导地位，欧标、英标也广泛使用，在使用以上三种标准的同时，当地标准穿插其中。随着美国在全球影响力的增加，美标的使用逐渐成为主导，当然，英标与欧标仍然占有一席之地。

（二）沙特阿拉伯

1. 基本情况

沙特阿拉伯是西亚地区最大的国家，是世界上最大的石油生产国和石油输出国，也是西亚地区经济总量最大的国家。沙特阿拉伯是中国石油最大的来源国和西亚地区最大的贸易国。石油和石化工业是沙特核心产业。近年来，沙特阿拉伯经济呈现良好的发展态势，GDP 增长率均保持在 4％以上；是西亚地区经济总量最大的国家。

沙特阿拉伯实行自由贸易和低关税政策，出口以石油和石油产品为主，约占出口总额的 93％，由于大量出口石油，沙特对外贸易长期顺差。沙特阿拉伯与贸易投资有关的法律主要包括：《进口许可指南程序》、《外国投资法》、《禁止外商投资目录》、《贸易信息法》、《外商投资法执行条例》、《税法》和《房地产法》等。其中，与承包工程相关的主要法律有《劳动与劳工法》、《外国投资法》、《外国投资法执行条例》、《政府采购和招标法》等。

沙特阿拉伯工程承包市场容量大、项目多，建筑业和承包业发展迅速，近年来沙特阿拉伯政府大力推行私有化，私人投资活跃，为国际工程承包商带来了更广泛的机遇。沙特投资总署的报告预测，2020 年以前，沙特阿拉伯在重大项目上的总投资将达 6900 亿美元，沙特阿拉伯承包工程市场蕴藏着巨大的潜力。沙特阿拉伯承包工程主要分为公路、铁路、港口、空运、电信、电力、制造业、海水淡化和水处理、能源、住宅 10 个领域。

沙特阿拉伯民用建筑工程的监管部门为沙特阿拉伯王国住建部。

为扶持当地公司，沙特阿拉伯政府规定，凡本国公司有能力承担的项目，如普通铁路工程、中小型房建、维修、运输项目等，一般只允许沙特阿拉伯当地公司竞标。如果项目较大，也可以分为若干部分，同时分包给数个当地承包商。外国承包商和沙特阿拉伯合资企业（沙特阿拉伯资本小于 51％）还必须将公共项目的 30％分包给沙特阿拉伯资本占 51％以上的承包方。

目前，沙特阿拉伯承包工程市场的主要特点是工程承包公司多，竞争激烈，工程报价压低，利润空间较小。目前在沙特阿拉伯的各类大小承包公司达 7 万余家，包括众多国际公司和本地公司。

2. 标准体系现状

沙特阿拉伯标准化组织（Saudi Arabian Standards Organization，SASO）负责沙特阿拉伯标准化工作，其宗旨为根据伊斯兰法通过在不同标准化领域采用国际最佳做法维护消费者安全、公众健康和保护环境，并提高产品的竞争力。其职责为：制定和批准所有产品的沙特阿拉伯国家标准，包括关于计量、校准、标记、产品认证、取样方法、检验和测试以及其他由 SASO 主管负责的方面的标准；通过最恰当的方式出版沙特阿拉伯标准；通过宣传和其他方式提高公众的标准化意识，协调在沙特进行的所有有关标准化和测量法的活动；制定关于批准符合性认证和质量标记的规则和管理它们的发布和使用；参加阿拉伯地区、区域性或国际性组织。

目前，SASO 已发布沙特阿拉伯标准 4200 多项，其中在电子电气方面发布了 358 项标准，主要涉及各类电气产品的安全要求和检测方法，每种产品的标准都分别编制了安全、性能要求和测量方法两份标准。

SASO 标准中有很多是在相关的 ISO、IEC 等国际标准和 GCC 等区域性标准的基础上建立的。像很多其他的国家一样，沙特阿拉伯根据自己国家的民用及工业电压、地理及气候环境、民族宗教习惯等在标准中添加了一些特有的项目。为了实现保护消费者的目的，SASO 标准不只针对从国外进口的产品，对于在沙特阿拉伯本土生产的产品也同样适用。

3. 标准应用情况

许多施工细节、材料等方面规定很少，直接采用欧美规范。包括所有设计规范、材料规范、施工规范等，欧美规范为主要规范。现阶段主要使用美标、英标、欧标、当地标准，其中美标占主导地位，欧标、英标也广泛使用，在使用以上三种标准的同时，当地标准穿插其中。

(三) 卡塔尔

1. 基本情况

卡塔尔政治局势稳定、社会治安状况良好、市场化程度较高。卡塔尔油气行业比重大，巨额石油收入带来经济高速发展。

卡塔尔为举办 2022 年世界杯足球赛，正对交通运输、电力、供水以及住房投入巨资，政府计划于 2013 年～2018 年投入 2050 亿美元进行基础设施建设。

卡塔尔的工程发包主要采取公开招标方式，尤其是政府工程基本都会进行公开招标。一些大型的政府公司会有自己的承包商名录，在招标前会发函邀请一些承包商进行资格预审，对工程的实施有明确的资格要求，很多项目要求有卡塔尔当地承包商作为合作伙伴。国际公司可以参与政府工程投标，但项目实施在卡塔尔当地，一般注册卡塔尔当地公司实施。

卡塔尔一些工程项目采用 EPC 方式招标，承包商需要进行相关的设计、报批、获得施工许可等工作，承包商需要雇佣当地的设计单位或顾问单位进行相关的设计报批等工作。设计报批分为 DC-1 报批以及 DC-2 报批，类似于深化概念图，需将相应的水电图、道路图纸、消防图纸等分别上报给卡塔尔水电局（Kahramaa）、电信局、消防局（QC-DD）、市政局（Municipality）等各个部门审批。其中报批时消防系统是重点，也是设计报批时间最长的重要环节。承包商在获得了相关项目以后，可去劳工局申请项目用人指标，在批准的劳工指标内办理工人入境务工等事宜。

卡塔尔工程项目外国投资比例不得超过投资总额的 49%，部分行业在经过政府的特别许可后，外资持股可达到 100%。电力、水力、钢铁、水泥等行业并不对外资开放。国际大型承包商凭借其专业的技术知识，承接了较多的大型基础设施项目。尤其在交通基础设施建设方面，卡塔尔相关项目对国际公司的依赖很大。诸多国际大型承包商已经赢得了主要的交通运输基础设施项目，特别是来自中国、马来西亚和美国的公司参与到了哈马德国际机场和多哈地铁的建设中，来自希腊、韩国和土耳其的公司利用他们的技术优势和地理优势，市场占有率也很高。

2. 标准体系现状

卡塔尔建筑规范（Qatar Construction Specification）是建筑的强制性标准。卡塔尔项目一般还主要参考英国标准 BSEN，部分项目也使用 ASTM 标准。混凝土标准 ACI 和消防标准 NFPA 在卡塔尔也有广泛的应用。

（四）伊朗

1. 基本情况

伊朗位于亚洲西南部，与土库曼斯坦、阿塞拜疆、亚美尼亚、土耳其、伊拉克、巴基斯坦和阿富汗相邻，南濒波斯湾和阿曼湾，北隔里海与俄罗斯和哈萨克斯坦相望，被称为"欧亚陆桥"和"东西方空中走廊"，具有极其重要的战略地位。伊朗拥有丰富的能源及矿产资源，探明石油和天然气储量分别居世界第二位和第三位，铁、铜、铬、铅、锌、金等金属矿及大理石等非金属矿产资源储量均居世界前列。

伊朗一般不接受外方承包劳务，所有工程的土建部分必须由伊朗当地劳务承担，伊朗当地工人完成不了的某些特殊工作除外。项目启动后，外籍工作人员，包括项目管理人员、工程技术人员、技术工人在伊朗工作期间，由业主在劳动部门办理工作证，有效期根据工程情况为 3 个月至 1 年不等，期满后视工程进度情况可以续延。伊朗劳动部和财政部税务部门按外籍工作人员核定的工资标准收取工作许可手续费和个人所得税，离境前完税后方发给离境签证。

合同的执行方（伊朗公司或合作联合体）可以将合同规定的工作任务部分分包给一定的单位，但不能全部分包。

在工程建设中，伊朗政府希望本国公司尽可能多承揽一些工程份额，通过中方监理、技术指导等方式来弥补自己的不足。中方相关人员应结合工程项目实际情况以及伊方人员、设备、施工机械能力等，做到项目分工明确、责任明晰。

2. 标准体系现状

伊朗标准和工业研究院，由伊朗政府法令指定负责控制进出口货物的质量。ISIRI 强制标准认证的目的，是保护消费者在健康、安全和环境法规方面的权益；同时保护本国制造商的权益，避免其进口质量低劣的货物。

对如何制定、修订和执行国家标准展开研究，通过文化活动和交流以推广国家标准的使用。出具、延长、暂停和注销 ISIRI 的许可证书（审核系统质量，授权质量控制代表，随机抽样和样品定期测试）。监督执行强制性标准（测试产品的标准，处理正式投诉和其他法律和司法事务）。出具出口和进口产品合格证书。

（五）土耳其

1. 基本情况

土耳其是一个横跨欧亚两洲的国家，北临黑海，南临地中海，东南与叙利亚、伊拉克接壤，西临爱琴海，与希腊以及保加利亚接壤，东部与格鲁吉亚、亚美尼亚、阿塞拜疆和伊朗接壤。土耳其地理位置和地缘政治战略意义极为重要，是连接欧亚的十字路口。

土耳其是北约成员国，也是经济合作与发展组织创始会员国和二十国集团的成员。拥有雄厚的工业基础，为世界新兴经济体之一，亦是全球发展最快的国家之一。土耳其因其横跨欧亚大陆的独特地理位置、富有活力的劳动力及稳定的政治局势和经济环境成为重要的投资战略阵地，加之近几年土耳其经济能力稳步提高，中国有不少企业赴土耳其投资。在"一带一路"倡议构想的推动下，中国和土耳其两国经贸和投资势必将继续稳步发展。土耳其作为重要节点国家，对于中国企业而言具有巨大的投资市场潜力。

土耳其设定了宏大的基础设施发展计划：在 2013 年，土耳其政府投资了 260 亿美元用于其基础设施的现代化发展，其中 30% 下拨给交通运输部门，其次是教育、能源、医疗和农业部门。根据国际商业监测指数（Business Monitor International），2014 年土耳其基础建设行业的总产值达到约 177.8 亿美元。

土耳其工程建设主管部门为土耳其建设部。

土耳其处于亚欧两大洲交界处，港口、机场、公路、铁路等基础设施较完善，是区域内重要的产品、服务、人员、技术集散地。目前，已有 600 多家中国企业在土耳其，两国已有一定的合作基础，如由中国承建的连接首都安卡拉与伊斯坦布尔的高铁，华为、中电光伏等企业早已进入土耳其。对独具优势的中国企业而言，基础设施仍是投资合作首选领域之一。

目前，土耳其的基础设施建设和能源领域非常需要资金投资和技术支持。中国企业的资金实力和技术能力都很强，投资土耳其前景良好。交通基础设施是土耳其吸引私人投资的重点领域，2014 年，交通基础设施产值为 73.2 亿美元，受益于政府推出的融资担保政策，一批交通领域大型项目顺利推进。

土耳其正在规划贯穿东西的高速铁路项目，希望中国公司能投资参与到这一项目中。中国高铁技术全球领先，继土耳其安卡拉—伊斯坦布尔高速铁路二期工程后，已与土耳其开始了"东西高铁"建设工程的合作。在未来，两国的铁路还有望连接中国与伦敦的全球贸易高速公路。伊斯坦布尔第三机场也在建设中。此外，伊斯坦布尔还将兴建第三座欧亚跨海大桥以及 6.5 公里长的亚欧海底隧道，投资分别达 30 亿美元和 35 亿美元，以缓解当地的交通难题。

2. 标准体系现状

土耳其标准局（Turkish Standards Institution，TSE）是根据 1960 年 11 月 18 号土

耳其大国民议会颁布第 132 号法令，即《建立土耳其标准局法》建立的土耳其标准化机构。根据该法规定，土耳其标准局（TSE）是一个具有法人地位的、独立的公益性社团组织，并代表政府工作，但不受政府的行政干预。

TSE 的职责是：管理全国标准化和质量认证工作（包括进口产品的认证工作）。其主要任务是：组织制订、审批、发布土耳其标准（TS）；组织产品认证、质量体系认证以及认证标志（TSE、TSEK）的管理；建立和认可检测实验室；开展保护消费者活动；代表国家参加国际、区域性标准化与认证活动；与外国标准化机构进行合作。

土耳其标准目前分为本国标准 TS、与欧洲的协调标准 TS EN，以及与 ISO 及 IEC 的协调标准。

（1）土耳其与欧盟的协调标准

在认可的 23 项欧盟指令范围内的产品直接可以采用欧盟指令所要求的欧洲协调标准。欧盟相关网站按指令分别公布了各类指令应符合的协调标准。

（2）土耳其的强制标准

随着欧盟新方法指令的实施和公告机构的认可，与新方法指令相关的各部门都表明将撤销已有的土耳其强制标准，只有在少数特定的领域，如食品、消防产品、纺织品等出于安全的原因才会保留强制标准。

二、南亚

（一）巴基斯坦

1. 基本情况

巴基斯坦工程委员会（Pakistan Engineering Council，PEC）是根据 1976 年 1 月 10 日议会法案成立的一个法人团体，主要负责巴基斯坦的工程管理和工程教育工作，是政府方面的一项具有里程碑意义的决定。工程委员会在联邦政府的批准下为了实施"PEC 法"而制定了其章程，主要内容包括《1978 年成员行为准则》、《工程教育管理规定》、《建设工程及运营管理细则 1987》和《巴基斯坦工程管理》。

自从工程委员会成立以来，一直不懈地服务工程界，并建立了一个服务于整个工程界的论坛，巴基斯坦工程委员会（PEC）积极参加历届政府组成的咨询委员会，在决策过程中发挥了重要的作用。多年来，巴基斯坦工程委员会（PEC）已成为政府、工业、工程学院、工程机构之间的有效桥梁，并以完全专业化的方式履行其职能。

2. 标准体系现状

巴基斯坦建筑规范于 1986 年由巴基斯坦政府房屋及工程部首次出版，该标准并不是强制执行的。在巴基斯坦政府的要求下，巴基斯坦工程委员会（PEC）开发了巴基斯坦建筑规范（building code of Pakistan）的地震条款（seismic provisions）、能源条款（energy provisions）、电力和电信安全条款（electricity and telecommunications safety provisions）、消防安全条款（fire safety and life provisions）等规范和标准，用以促进现代化技术的发展。巴基斯坦在制定不同条件下不同类型建筑设计规范、材料的选择和测试要求等标准规范过程中引用了世界各地建筑规范。与此同时，巴基斯坦有关政府和部门正在加紧和欧美等发达国家展开合作，逐步发展本国的建筑规范体系。

3. 建设工程应用标准情况

工程标准《国家公路局一般规范》是巴基斯坦公路建设唯一采用的成套的标准，该规范最早编制于 1991 年，针对巴基斯坦部分道路建筑工程的缺陷缘由，为迎合巴国经济发展及道路工程建设的需求，巴基斯坦国家公路局委托 Sampak International（Pvt）Ltd. Sampak 国际（私有）责任公司于 1998 年对该规范重新进行了修订，修订后该规范沿用至今。

从巴基斯坦工程建设实施过程中标准的采用情况来看，根据项目所属领域不同，如交通建设行业，采用我国标准比例是 5％，采用当地标准比例是 15％，采用欧美标准比例是 80％，目前已完工的喀喇昆仑公路（KKH）改扩建项目及堰塞湖改线项目（KKH）均全部采用中国标准；在建的喀喇昆仑公路（KKH）二期项目除桥梁结构和抗震采用巴基斯坦和美国规范外，其他均采用中国标准。

由于巴基斯坦的历史发展原因，其未来的工程建设标准化进程中必定会大部分持续沿用英美标准，同时以巴基斯坦工程委员会（PEC）所制定的各种工程建设标准为基准不断完善发展。但是，在中国"一带一路"的国家政策指导下，随着中巴经济走廊建设的不断深入，巴基斯坦的基础设施、房屋建筑、能源建设会迎来大规模的发展，届时通过中国经济的融入，其引用的中国标准势必越来越多，预期在达到一定规模时会影响到整个巴基斯坦工程建设标准化的发展。

（二）斯里兰卡

1. 基本情况

斯里兰卡位于印度洋中北部，印度南部，被誉为"印度洋的一滴眼泪"。扼守中东和东亚之间的海洋运输线，是"一带一路"沿线重要节点。近年来斯里兰卡经济快速发展，货物进出口贸易额稳步增长。除了政府的宏观调控和国内良好的政治环境，斯里兰卡经济发展离不开国家对标准化发展的大力支持。斯里兰卡一直重视本国标准化体系的建设，不断完善标准和技术法规，宣传标准化和质量管理意识，积极参与区域和国际标准化活动，提升产品质量及国际竞争力。

2. 标准体系现状

斯里兰卡标准协会（Sri Lanka Standard Institution，SLSI）是斯里兰卡的国际标准化机构，主要负责标准化和质量管理及相关活动。斯里兰卡标准协会（SLSI）主要部门有工程部、营销和宣传部、产品认证部、计量部、质控部、财务部、管理部、标准部、培训部、系统认证部和实验室。

近年来斯里兰卡颁布了一系列标准化法律法规，对保障国家贸易安全，规范市场秩序、推动技术进步等起到了重要作用。目前斯里兰卡主要标准化法律有《斯里兰卡标准协会法案》，除此之外还要《进出口法案》、《食品法令》、《国家环保法》等法律文件，以及各个部门条例《废水排放规定》和《电力（输电）性能标准条例》等。

斯里兰卡鼓励企业自行采纳国际标准，标准的执行和贯彻依赖于采标各方的努力，斯里兰卡的标准只有少数是强制性。斯里兰卡的标准分为国家标准、行业标准和企业标准。斯里兰卡现行国家标准有 2324 余项，主要领域在食品和农业，占比约为 20%，其次是纺织和服装业，占比约为 16%，再次是建筑领域占比约为 6%。

三、东南亚

东南亚位于亚洲东南部，分中南半岛、马来群岛两部分。域内 11 个国家：越南、老挝、柬埔寨、泰国、缅甸、马来西亚、新加坡、印度尼西亚、文莱、菲律宾、东帝汶。总面积 457 万平方公里，人口 6.25 亿。热带雨林气候、热带季风气候为主。在东南亚国家中，缅甸、越南、老挝是我国的邻国，与我国陆地接壤。除了东帝汶以外，越南、缅甸、老挝、柬埔寨、菲律宾、印度尼西亚、新加坡、马来西亚、泰国与文莱等 10 个国家都是东盟成员。东南亚既有发达国家，也有发展中国家，各个国家和地区都有其自身的基本国情、历史起源、文化特点等，区域内的差异性较强，经济发展逐步呈现区域经济一体化的趋势。

东南亚国家工程建设标准体系一直不够完善，多使用英国标准、美国标准；随着近些年来我国参与建设的工程逐步增多，施工过程中在英标和美标不能完全覆盖的情况下，中国标准能够起到补充完善的作用，也有一些中国标准逐步应用到现有工程项目。

（一）新加坡

1. 基本情况

新加坡北隔柔佛海峡与马来西亚为邻，南隔新加坡海峡与印度尼西亚相望，毗邻马六甲海峡南口，国土除新加坡岛（占全国面积的 88.5%）之外，还包括周围 63 个小岛。

（1）经济环境

受世界经济的影响，近年来新加坡经济增长有所放缓，2013 年~2016 年 GDP 增长率分别为 5.0%、3.6%、1.9% 和 2.0%，2016 年第四季度以来略有起色（表 2-1）。从宏观经济基本面来看，主要指标表现尚好：失业率保持在 2% 左右的历史低位；居民消费价格指数（CPI）由负转正，通货紧缩及退货膨胀压力不大；金融环境稳定，政府收支平衡；进出口贸易恢复性增长；对外投资和吸收外资稳定增长；内债可控，无外债，不存在不可预期的系统性经济风险；政府尚有众多调控经济的手段未使用。从微观层面来看，大部分企业对短期内经济走势非常谨慎，民众消费支出意愿趋于保守。总体上新加坡经济进入低速增长阶段。2017 年经济增长率在 1%~3% 之间。

近期新加坡主要经济指标　　　　　　　　　　　　　　　　表 2-1

项目	单位	2013 年	2014 年	2015 年	2016 年	2017 年 1～3 月
GDP	亿美元	3025	3081	2968	2970	
GDP 增长率		5.0%	3.6%	1.9%	2.0%	2.5%
人均 GDP	美元	56029	56337	53630	52962	
通胀率		2.4%	1.0%	−0.5%	−0.5%	0.7%
失业率		1.9%	2.0%	1.9%	2.1%	2.3%

新加坡是中国在东盟乃至全球的重要经贸合作伙伴。2008 年 10 月，双方签署了《中国—新加坡自由贸易区协定》，中新双边经贸关系逐步实现全方位、多层次、宽领域的发展。近年来，中新贸易持续稳定增长，2013 年中国成为新加坡最大的贸易伙伴，双边贸易额达到 914.3 亿美元，比上一年增长 11%，中新双边贸易额占新加坡贸易总额的 11.8%。

中新货物贸易持续增长。2014 年双边货物贸易额达到 797.4 亿美元，同比增长 5%，是中国在东盟地区的第三大货物贸易伙伴，仅次于马来西亚和越南。双方货物贸易中，机电产品是最大类别，其他为矿产、塑料橡胶、化工、纺织服装等。

（2）投资环境

新加坡建筑市场是一个完全开放的市场，对外国公司进入几乎没有限制。而且新加坡的建筑市场自由透明，工程运作均依照相关法律进行。因此中国企业在新加坡承接工程，必须熟悉和遵守当地的法律法规以及当地规范的流程和程序。

新加坡副总理兼国家安全统筹部长指出，新加坡和中国作为两个与全球连接的国家，在"一带一路"倡议的长期发展中是当然的伙伴，两国可在基础建设联通、金融联通、第三方国家合作以及专业服务这四大领域集中合作。

新加坡贸工部、中国国家发改委和新加坡企业发展局（Enterprise Singapore）将联合组建工作小组，确认两国可共同开发的市场和领域。双方也将定期主办企业配对交流活动和论坛，加强新中企业的合作。

2. 标准化体系、体制

（1）标准的分类

新加坡的国家标准可分为三类，分别为新加坡标准（SS）、操作规程（CP）、技术参考（TR）。技术参考（TR）是临时性的过度文件，其法律效率不如前两者大，属于行业急需某一标准时临时制定的，制定流程也较简单，不需要通过政府公报的形式来征求一致性意见。技术参考（TR）文件使用期一般不超过两年，两年期满后，技术参考（TR）被重新评估来决定是否升级为新加坡标准，或者继续作为技术参考（TR），或者因不适用而被废除。目前技术参考（TR）成功升级为标准的比例约为 25%。技术参考（TR）作为国家技术文件，可为企业及时提供技术性指导，极大地提高了政府对产品质量管理的效能。

新加坡标准大部分为推荐性标准，企业可以自愿采用，但当其领域涉及健康、动植物安全与环境保护等方面时，标准会通过相关法律转变为技术法规，强制性采用。新加坡标准的制定流程与中国标准类似，属于自上而下的标准制定体系。首先由企业发展局对新项目立项进行评估和批准，在制定标准之前，首先进行为期一个月的收集公众意见的工作。之后，由相关标准技术委员会组建的工作组制定新加坡标准（SS）或技术参考（TR）草案，这其中可能会采用使用的国际标准或者国外的国家标准。在这之后将进行公开征求意见阶段（仅适用于新加坡标准（SS），为期两个月。征求意见之后，草案由相关委员会批准、公报公布（仅适用于新加坡标准（SS））、正式出版。

新加坡标准的编号代码为 SS，在建设工程领域，新加坡国家标准采用国际及国外先进标准的情况较多。采用欧洲标准的编号代码为：SS EN；采用国际标准的编号代码为：SS ISO/IEC；采用情况分为等同采用（IDT）与修改后采用（MOD）。值得注意的是，部分新加坡国家标准在等同采用欧洲标准或国际标准的同时，还配套出版 Singapore National Annex，这类出版物的编号为 NA to SS EN 或 NA to SS ISO/IEC。Singapore National Annex（以下简称 Singapore NA），它类似于使用手册，在采用欧洲或国际标准的基础上，编排了一本符合本国国情的标准使用手册，与欧洲或国际标准配套使用。Singapore NA 大大提升了新加坡标准化工作的效率。在使用国外先进标准时，可以直接将其采纳为国家标准，与 NA 配套使用。

据资料统计，目前在中国建设单位参与的新加坡工程项目较少，以交通运输类项目为主，且均采用了英国标准。

（2）标准化机构及管理方式

新加坡政府机构共设有 15 个部门，分别为：新闻通信艺术部，社区青年体育部，国防部，教育部，财政部，外交部，卫生部，内政部，律政部，人力部，国家发展部，总理公署，环境与水资源部，贸易与工业部，交通部。

此外，设有 64 个法定机构，这是根据国会通过的法令，以法律程序设立的具有特殊功能的半官方管理机构，由除国防部和外交部以外的各政府职能部门分管。如贸易与工业部下属 10 个法定机构：科技研究局，竞争委员会，经济发展局，能源市场局，旅馆执照局，国际企业发展局，裕廊镇集团，圣淘沙发展集团，旅游局等。

1）企业发展局（Enterprise Singapore）

新加坡的标准化主管机构为企业发展局。企业发展局（Enterprise Singapore）属于政府机构，隶属于贸易与工业部 MTI 于 2018 年 4 月 1 日与新加坡标准化、生产力与创新局（SPRING）合并为同一个机构，负责国家标准与认证的相关工作。新加坡标准化、生产力与创新局（SPRING）是新加坡贸易工业部（Ministry of Trade and Industry，MTI）的下属机构，其前身为新加坡生产力和标准局（PSB），1996 年与国家生产力委员会（NPB）和新加坡标准工业研究协会（SISIR）合并，2002 年 4 月改名为 SPRING，于 2018 年与企业发展局合并整合。

2）国家发展部（Ministry of National Development）

国家发展部是在 1959 年立法议会选举后成立的。MND 的主要职责包括土地资源的规划、管理和再开发以及公共住房的发展。房地产经纪类的行业标准的管理与促进也在其职权范围内。MND 还负责绿地、休闲基础设施和自然保护区的开发和管理。它也是负责食品安全、动植物健康的部门。

3）新加坡建设局（Building and Construction Authority）

新加坡建设局隶属于国家发展部，成立于 1999 年 4 月，主要通过其自身的监管系统保障新加坡建筑的设计、建设与安全。目前主要负责新加坡绿色建筑类的相关活动。

4）新加坡贸易与工业部（Ministry of Trade and Industry）

主要负责与工业和贸易相关的政策制定。工贸部成立的初衷是为促进经济发展并提供就业机会以改善新加坡居民的生活。新加坡企业发展局（Enterprise Singapore）在其管辖范围内。

5）新加坡工程师学会（The Institution of Engineers，Singapore）

新加坡工程师学会于 1966 年 7 月正式成立，是新加坡国家工程师协会。新加坡工程师学会是三大新加坡标准制定机构（SDO）之一。主要负责管理建筑与结构标准技术委员会（BCSC）以及其下设技术委员会及工作组。

新加坡建筑与结构标准技术委员会（BCSC）管理其下设的各个技术委员会及工作组，分别为：建筑工程委员会、建筑工程管理与维护技术委员会、建筑结构与地下工程技术委员会、土木与岩土工程技术委员会、工程管理技术委员会（图 2-1）。

6）新加坡标准理事会（Singapore Standards Council）

新加坡标准理事会隶属于新加坡企业发展局，由 10 个不同领域的标准委员会以及 2 个协调委员会组成。其中与建筑工程相关的标准委员会为建筑与结构标准委员会，所研究范围为与建筑工程、建筑维护与管理、建筑结构、地下结构、市政与岩土工程、建设管理相关的标准化工作，力图保障建筑结构工业的质量与安全并大力提升其生产率。

（3）标准的制修订流程

标准的制定程序为：向新加坡标准委员会提

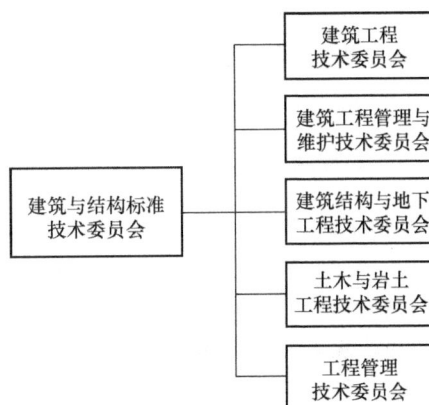

图 2-1　建筑与结构标准委员会组织结构图

出→标准委员会批准制定标准→技术委员会批准→征求公共意见→评议公共意见后→公告→印刷、销售和推广。所有新加坡标准每五年必须进行一次复核，确定是否需要修改、修订或废除。

（4）标准相关资源链接

新加坡国家图书馆：https：//www.nlb.gov.sg/

新加坡工程师学会：https：//www.ies.org.sg/AboutIES/Standards％20Development

新加坡企业发展局：https：//www.enterprisesg.gov.sg/

3. 标准化政策及法规

（1）新加坡标准、生产力与创新局（简称 SPRING）将在未来五年内，从总值 5000 万元的"标准与合格评定计划"中，拨款 1000 万新元（约合 625 万美元）来协助中小型企业制定和采用新标准、提高生产力和竞争力。其中 250 万新元将用来制定新标准，750

万新元则协助业者广泛采纳新标准。

（2）为了发展受国际认可和信赖的"标准与合格评定"基础设施，新加坡政府将推出一个总值 5000 万元的"标准与合格评定计划"（Standards and Conformance Plan），通过四项新策略，提高新加坡的标准与合格评定水平。这四大策略中就包括：发展和加强"标准与合格评定"的基础设施；提高企业尤其是中小型企业对标准的认识；加强本地在这方面的国际定位，发展成为区域中枢；以及加强私人企业和政府之间的伙伴关系。

4. 标准化现状及原因分析

新加坡制定的国家标准共 880 多项，均属于推荐性标准，企业自愿采用。但涉及人身和动植物安全与健康以及防欺诈、环境保护等方面的标准，则通过有关法律法规的规定，将标准确定为技术法规，以法律的形式强制性采用。如根据新加坡 CPS 计划中的管制产品必须符合规定的安全标准。目前约有 200 项新加坡标准被法规引用，占国家标准总数的 22%。

新加坡非常注重本国标准与国际标准的接轨，约有 80% 的新加坡标准与国际标准是一致的，很大程度上提高了产品的竞争力，促进了产品的出口。

（二）马来西亚

1. 基本情况

（1）国家概况

马来西亚位于东南亚，是由 13 个州和 3 个联邦直辖区组成的联邦制国家。国土分为东西两大部分，面积约 33 万平方公里。首都是吉隆坡（Kuala Lumpur），联邦政府行政中心位于布城（Putrajaya）。

马来西亚地理位置接近赤道，属热带海洋性气候，拥有多样化的自然生态环境，全年炎热，潮湿多雨，有"四季皆夏，一雨成秋"之称。是一个新兴的多元化经济国家，社会、经济发展迅速。2013 年，人均 GDP 达 10060 美元，正努力向高收入国家迈进。马来西亚奉行独立自主、中立、不结盟的外交政策。作为东盟创始国，视东盟为外交政策基石，优先发展同东盟国家关系。重视发展同大国关系，系英联邦成员。

马来西亚大力发展经济外交，积极推动南南合作，反对西方国家贸易保护主义。重视东亚合作，倡导建立东亚共同体。致力于东盟自由贸易区建设。马来西亚积极发展同伊斯兰国家和不结盟国家关系，关注伊斯兰事务，是伊斯兰会议组织的创始国。参与许多国际组织，例如联合国、亚洲太平洋经济合作会议、发展中八国组织以及不结盟运动等。

马来西亚属于英联邦国家。

（2）经济环境

20 世纪 70 年代以前，马来西亚以农业经济为主，依赖初级产品出口。70 年代以来，马来西亚不断调整产业结构，大力发展出口导向型经济，电子业、制造业、建筑业和服务业发展迅速。同时实施马来民族和原住民优先的"新经济政策"，旨在实现消除贫困、重组社会的目标。

　　20 世纪 80 年代中期，受世界经济衰退影响，马来西亚经济下滑。在政府采取鼓励私人投资和吸引外资等措施后，经济明显好转。1987 年以后，经济持续高速发展，到 1997 年亚洲金融危机爆发之前，年均 GDP 增长率一直保持在 8％以上。

　　1997 年的亚洲金融危机使马来西亚经济遭受严重打击，2000 年，马来西亚经济在 1999 年复苏基础上稳定增长，各项经济指数基本恢复到危机前水平，经济增长率达 8.5％。

　　21 世纪初的几年内，通过稳定汇率、重组银行债务、扩大内需和出口等政策，马来西亚经济保持较快速度增长。2006 年 4 月，马来西亚政府第九个五年计划（2006～2010 年）获得国会通过，其主题是"共同迈向卓越、辉煌和昌盛"，施政重点是降低财政赤字，加强人力资源开发，加大农业投入，扶持中小企业，推动旅游业发展。2007 年，马来西亚政府相继实施北马来西亚输油管线、伊斯干达发展区、北部经济走廊和东海岸经济区等大型发展计划，以刺激经济发展和实现未来经济转型。

　　2008 年爆发的全球金融危机对马来西亚金融体系没有造成太大的直接影响，但其实体经济受到国际需求萎缩影响较大。2008 年 10 月开始，马来西亚出口出现负增长，外国直接投资大幅下降。为减缓金融危机的冲击，马来西亚政府相继出台多项"救市"措施：拨款 50 亿马币扶持股市；推出总额达 670 亿马币（约 190 亿美元）的两套经济刺激计划；马来西亚央行 3 次下调基准利率至 2.0％；对居民存款实施全额担保等。这些举措增强了市场信心，阻止了马来西亚经济的进一步下滑。2008 年马来西亚 GDP 仍增长 4.6％。

　　2009 年 4 月，纳吉布总理上任后，除继续实行经济刺激方案外，还着手进一步开放服务业和金融业。先后撤销 27 个服务业领域的外资股权限制等，以放宽外资准入，改善投资环境。

　　2010 年 6 月，马来西亚政府公布第十个五年计划（2011～2015 年），将私营经济和以创新为主导的行业作为引领国家经济腾飞的主动力，并逐步改革被认为偏高的国内补贴制度，以减轻政府财政负担。第十个五年计划共拨出 2300 亿马币用于发展支出，其中 55％用于发展经济。2010 年下半年，纳吉布总理又提出经济转型计划，推出包括批发零售、旅游、商业服务、电子电器、教育、医疗保健等在内的 12 个国家关键经济领域的发展目标，具体措施包括推出总值 1380 亿美元和 670 亿马币的共 150 项"切入点计划"，预计到 2020 年将创造 330 万个新的就业机会。

　　2011 年，国际经济形势依然严峻，发达经济体疲弱不振，日本地震、海啸和泰国洪灾等自然灾害使亚洲制造业供应链被打乱，马来西亚经济受到一定负面影响。尽管如此，随着马来西亚经济转型计划重点项目的稳步推进，私人及外来投资大幅增长，国内需求强劲，马来西亚经济整体表现良好。2011 年，马来西亚 GDP 实现 5.1％的增长，高于其他发展水平相当的国家（如泰国、墨西哥和俄罗斯）。

　　2012 年以来，由于主要市场需求减少，马来西亚出口下降，经济增长主要靠强劲的内需以及投资拉动。在私人领域稳定支撑下，国内消费和投资持续扩张，不断推动经济增长。2012 年～2013 年，马来西亚 GDP 分别增长 5.6％和 4.7％。期间，马来西亚加快实现"2020 宏愿"，稳步推进经济转型计划重点项目，部分措施包括自 2014 年 1 月起在全国实施最低工资，以及于 2015 年 4 月开征 6％的货品和服务税（GST）。受外部经济环境复苏和内需持续增长的刺激，世界银行预估 2014 年马来西亚经济将增长 5％。随着时间的推移，马来西亚政府早前采取的降低补贴以削减财政赤字的政策将对国内消费产生一定的影响。但另一方面，马来西亚政府继续推行经济转型计划，尤其是其中的基础设施项目将有利于刺激投资继续增长。

（3）投资环境

马来西亚政府鼓励各类公司培训和使用本地员工，但因其国内劳动力短缺，允许建筑业制造业等一些行业雇佣外国劳工。

马来西亚宪法规定土地事务属于州务管辖范畴，各州均设有土地局，各州在联邦政府监督下，可制定本州的土地政策。宪法和国家土地法均规定，马来西亚土地可以作为私有财产受法律的保护，可自由买卖。获得土地的方式主要分两种，一种是永久拥有权（Freehold），可以获得永久地契（目前此权限已很难获得）；另一种是租赁性拥有权（Leasehold）。

根据《1974 年环境质量法》，投资者必须在提交投资方案时考虑到环境因素，进行投资环境评估，在生产过程中控制污染，尽量减少废物的排放，把预防污染作为生产的一部分。根据《1987 年环境质量法令》，必须进行环评的项目包括：将土地面积 500 公顷以上的森林地改为先业生产地水面面积 200 公顷以上的水库/人工湖的建造、50 公顷以上住宅地开发、石化与钢铁项目以及电站项目等。根据《1974 年环境质量法》，马来西亚污染事故处理或赔偿的标准主要根据污染事故的性质、影响以及造成的后果来加以判定。空气污染、噪声污染、土壤污染、内陆水污染，视情况处以 10 万马币以下罚款或 5 年以下监禁，或二者并施；污水排放、油污排放、公开焚烧、使用有毒物质或特定设备进行生产，处以 50 万马来西亚币以下罚款或 5 年以下监禁，或二者并施。

要求详细环境评估的项目主要包括钢铁厂、纸浆厂、水泥厂、煤电站、水坝、土地开垦、垃圾废物处理、伐木、化工产业、炼油和辐射危害行业等。具体申请程序为：将详细环评报告提交给环境局（50 份报告和电子版的摘要提交国家环境局总部），国家环境局将报告公示，征求公众意见，国家环境局召开临时委员会审核（若要求另行提供有关材料，需在两周内提交），若符合《1974 年环境质量法》，则批准该项目。

外国承包商在马来西亚注册成立建筑工程公司需要得到马来西亚建筑发展局批准，同时还要获得建筑承包等级证书。按照法律规定，外国独资公司不能获得 A 级执照，而没有 A 级执照，公司不能作为总承包商参与政府 1000 万马币以上项目招标。因此外国公司要成为 A 级公司，必须与当地公司合作，但是当地公司大多以其信誉或 A 级资质作为参股条件，并不直接出资，他们与外国公司合作的目的是利用外国公司的资金和技术。

马来西亚政府财政拨款项目一般交由当地土著承包商负责，不允许外国工程公司单独担任总承包商，外国公司只能从当地公司中分包工程。

马来西亚政府拨款工程项目和私人领域项目一般都实行招标制度，但在融资支持或满足业主其他特别要求的情况下，部分项目也可由承包商与业主议标。

马来西亚政府与当地居民都欢迎中国在其境内进行投资，帮助马来西亚进行基础设施建设，这是一大利好条件，为中国标准走出去提供了前提，扫清了障碍。

自 2017 年 4 月起，为保护国内钢铁厂免受进口廉价钢铁影响，马来西亚国际贸易与工业部宣布政府将根据 2006 年保护法第 25 条，向进口热轧混凝土钢筋条（rebar）、盘条（SWR）和螺纹钢筋卷（DBIC）征收保护关税，为期 3 年。

2016 年起，根据马来西亚"6P 非法外劳漂白计划"在马来西亚务工的外劳将被遣送回国，令严重依赖外劳的马来西亚建筑业深感忧虑，未来恐面临"用工荒"国家依赖外劳的原因主要包括：本地雇主对外劳务需求量庞大、本地雇员对此类工作缺乏兴趣、本地雇员工作薪金高及吃苦耐劳程度较低等，为了减少雇主对外劳的依赖，政府制定了严格的政策和外劳申请程序，包括只允许建筑、农业、种植业、制造业及服务等特定领域聘请外劳，同时协助国人寻觅适当工作。

马来西亚国际贸易与工业部长慕斯塔法在 2017 年"跨国公司与中小企业－发展与机遇"全国供应链大会致辞时指出，政府将继续协助投资发展局吸引外国投资，并呼吁本地业者尤其是中小企业抓准时机，探讨每个与跨国公司合作的机会。他说，政府在 2018 年财政预算案把主要枢纽奖励期限延长至 2020 年，这将使更多海外公司选择马来西亚作为他们的区域或全球中心。

中马两国在基础设施建设领域的合作处于蓬勃发展阶段，2018 年四月两国合作建设的马来西亚南部铁路工程项目已经正式开工，同时，两国合作建设建设的东海岸项目也已于 2017 年正式开工。

马来西亚政府拨款 4.3 亿元用于 2020 年国家储备基金，其中有 2.8 亿元用于经济、基础设施建设领域。马来西亚人广泛支持中国的贷款和资金，因为中国留下受欢迎的基础设施项目，但没有债务威胁，也没有中国工人竞争当地的就业岗位。

2. 标准化体系、体制

（1）标准的分类

马来西亚国内目前所使用的标准按等级可分为：国际标准、区域标识、国家标准、行业/团体标准、公司/组织标准，详见图 2-2。马来西亚本国制定的标准按等级可分为国家标准和行业标准，国家标准的编号为 MS. 建筑领域内的行业编号为 CIS. 由 SIRIM 制定的行业标准编号为 SIRIM，SIRIM 行业标准又可以分为三个等级，分别为：SIRIM 标准、团体标准、组织标准，详见图 2-3。行业标准用来补充国家标准与国际标准，当没有相应的国家标准或国际标准时，应制定相关的行业标准。

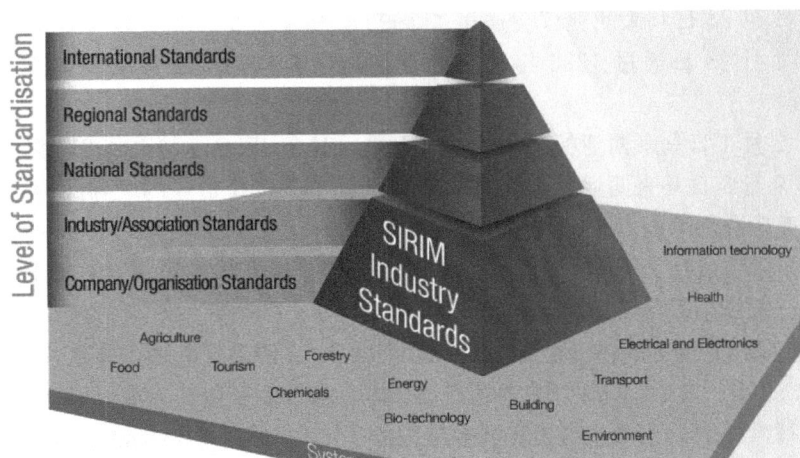

图 2-2 马来西亚标准分级图示

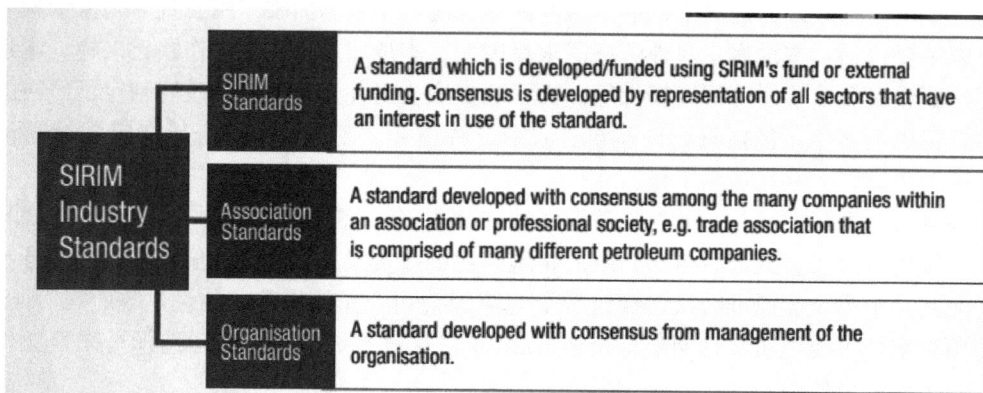

图 2-3　SIRIM 行业标准分级

（2）标准的制修订流程

国家标准的制修订流程详见附件 A。

SIRIM 标准的制修订流程及有关情况介绍详见附件 B。

（3）标准化机构及管理方式

1）科学与创新部

马来西亚科学与创新部（The Ministry of Science，Technology and Innovation，MOSTI）由联邦政府于 1973 年建立，该部门成立的目标是通过创造知识和可持续发展来提高科学技术领域的竞争力。马来西亚的标准制定与管理部门马来西亚标准部（Standards Malaysia）由其负责管理。

2）马来西亚标准部

马来西亚标准部（Department of Standards Malaysia，Standards Malaysia）是国家标准与认证机构，负责与标准化和认证相关的所有工作。其任务和使命是提供可靠的标准化和认证服务，以满足经济、社会和环境需求。马来西亚标准部于 1996 年 8 月成立，由科技与创新部负责管理（MOSTI）。其发展历史如下：

1996 年 4 月 23 日马来西亚议会通过了 1996 年马来西亚标准法案（第 549 号法案）

1996 年 8 月 28 日通过 1996 年马来西亚标准法案（第 549 号法案）建立马来西亚标准

1996 年 9 月 1 日马来西亚标准公司正式开业，位于 Wisma MBSA 21 楼。

2001 年 9 月 3 日马来西亚标准局将其业务从迁至普特拉贾亚的联邦政府行政中心。

马来西亚标准部下设 5 个标准发展中心（SDAs），这 5 个标准发展中心各自管理不同的行业标准技术委员会（ISC），共计 22 个领域。行业标准技术委员会在制定与修订标准时，成立相关工作小组（work programme）。

其中与建筑结构相关的标准委员会编号为 ISC-D。由图 2-4 可知，马来西亚建筑工程类相关标准工 357 本，其中等同采用的标准为 184 本，修改后采用的标准为 18 本。由图 2-5 可知，截至 2018 年 5 月，由 ISC-D 负责管理维护的建筑结构类强制性标准目前共计 66 本。

马来西亚标准分为自愿性和强制性两类。标准制定一般先征求行业和企业意见，然后委托权威机构制修订，制修订的标准经专家委员会审查，政府部门公布。

政府项目主要由公共工程局 JKR 监管和指导，开展标准实施情况专项检查或抽查，

Malaysian Standards (MS) Status as of 30 June 2018

ISC	Description	Cumulative MS Developed	Aligned MS		
			IDT	MOD	
A	Agriculture	237	43	0	
B	Chemicals and Materials	640	272	69	
D	Buildings, Construction and Civil Engineering	357	184	18	

图 2-4 马来西亚工程建设类标准情况

D	Jabatan Bomba dan Penyelamat Malaysia (BOMBA)	2			66
	Lembaga Pembangunan Industri Pembinaan Malaysia (CIDB)	43			
	Jabatan Kerajaan Tempatan (JKT)	17	2	Jabatan Bomba dan Penyelamat Malaysia (BOMBA)	
	Jabatan Perancangan Bandar dan Desa Semenanjung Malaysia (JPBDSM)	2	1	Lembaga Pembangunan Industri Pembinaan Malaysia (CIDB)	
	Suruhanjaya Perkhidmatan Air Negara (SPAN)	10	5	Jabatan Bomba dan Penyelamat Malaysia (BOMBA) & Jabatan Kerajaan Tempatan (JKT)	

图 2-5 ISC-D 马来西亚建筑工程类强制性标准

依法对违反强制性标准的行为进行处罚，及时通报监督检查结果。

马来西亚标准多数来源于英国标准，国家标准部分来源与 EN 和 BS，形成部分 MS EN 和 MS ISO 标准，本地保护比较严重，主要致力于逐步发展本国的建筑规范体系。

3）马来西亚建筑业发展局（CIDB）

马来西亚建筑业发展局（CIDB）针对标准化施工方法制定了建筑行业标准（CIS），并确保其可衡量的行业利益。CIDB 在代表公共和私营部门的技术委员会的协助下，发布了 20 多本标准。该标准涵盖建筑领域的广泛领域，如国家住房，质量，安全和健康，木材屋架的处理等等。

根据第 520 号法案，马来西亚 CIDB 受托管理建筑和材料标准的一致性，以促进和鼓励建筑行业的质量保证。这就是 CIDB 制定建筑行业标准（CIS）的原因。CIS 包括多参与，特别是行业利益相关者和专家。自 1998 年以来，已经出版了 20 个建筑行业标准。

4）马来西亚标准与工业研究公司（SIRIM Bhd）

隶属于马来西亚标准部，负责马来西亚国家标准及行业标准的制定工作。

（4）标准相关资源链接

马来西亚标准部门户网站：https：//www．jsm．gov．my/home

SIRIM 官方网站：http：//www．sirim．my/

CIDB 官方网站：http：//www．cidb．gov．my/index．php/my/

CIS 清单：http：//www.cidb.gov.my/index.php/en/media-1/penerbitan/standards

SIRIM 行业标准清单：http：//www.sirimsts.my/standards-list/wto-tbt-enquiry-point/sales-of-standards

3. 标准化政策及主要法规

马来西亚标准为国家标准（MS）。建筑工程类主要有建筑施工和土建标准（ISC-D）和马来西亚公共工程局（JKR）技术要求。

- Standards of Malaysia Act 1996（Act 549）
- Development of Malaysian Standards（PSD 1）

4. 标准化现状及原因分析

同为东盟国家，与新加坡不同的是，马来西亚在采用国际及国外先进标准的同时，本国标准也有相当一部分，在建设工程的 357 本标准中，有 202 本是采用的国外标准，还有 155 本是马来西亚的标准委员会带领各工作小组制定发布的。这在一定程度上说明了马来西亚自身的标准化体系已经处于比较完备的阶段。

在我国建设单位参与建设的马来西业项目有 15 个，其中 4 个项目采用马来西亚本国标准。由于历史原因，马来西亚在使用国外标准中，多数使用英国标准，9 个项目使用了英国标准，这其中还包括中国政府出资援助的项目。

（三）印度尼西亚

1. 基本情况

印度尼西亚（以下简称印尼）是我国承包工程的重要市场。据印尼政府统计，印尼每年的承包工程国际发包额在 100 亿美元以上，涉及能源、矿产、交通运输、通信等众多领域。我国自 1990 年与印度尼西亚恢复外交后，在印尼积极开展承包工程，近几年来，我国在印尼的承包工程业务发展迅速，据商务部统计，2006 年我国公司与印尼方共签订承包工程合同 87 份，合同金额 15.5 亿美元，完成营业额 7.1 亿美元。我国公司在印尼的承包工程主要集中在电力、化工、水利、通信、冶金、煤矿开采、建筑、机械、纺织等领域，资金来源属于业主自筹的约占半数，其余则为出口信贷、世界银行和亚洲开发银行贷款等。

印尼的承包工程项目主要分为四类，即国际金融机构援助项目，如世界银行、亚洲开发银行、欧洲复兴开发银行等提供资金的项目；外国资金援助的印尼政府项目；外国和本国资金投资的政府项目；私人资金项目。

自 2010 年前，印尼当局修改了相关法规条例，在建筑公共工程行业，外资股权比例最高限制由 55% 提高至 67%；

目前印尼政府将国家建设的重点集中在工业园区与经济特区的建设上，并计划实施经济改革，大力建设产业园区。计划重点开发 13 个工业园区，再建设 14 个经济特区。除此之外，印尼政府非常重视电站的建设。

在经济方面，印尼政府大力限制进口，对电子产品、无形产品、网购产品，烟草等产品都有一定的限制。

印尼对工业产品施行强制性国家标准（SNI）政策后，2016年的产品平均进口量同比下降5.52%，金额达2.82亿美元。

2. 标准化体系、体制

（1）标准的分类

印尼国家标准（SNI）是印尼国内应用的唯一标准，其标记如图2-6所示。印尼国家标准按标准属性分类可以分为强制性标准与推荐性标准。印尼政府通过强制性国家标准SNI的执行控制国际贸易进出口市场，以保证进口产品的质量。

印尼共有约11653本国家标准，涉及各个行业和领域，其中有1910项为国际标准或国外先进标准。目前印尼国家标准中强制性执行标准为198项。印尼共有135个技术委员会，32个分技术委员会，由印尼政府的相关部门管理。

（2）标准化机构及管理方式

1）科技与教育部（Ministry of Research, Technology and Higher Education）

图2-6　SNI标记

科技与教育部是主管研发、科技领域的政府部门，其任务是协助印度尼西亚总统在研究、科学与技术领域开展相关活动。印度尼西亚标准局（BSN）是其下属机构。

2）印度尼西亚标准局（Badan Standardisasi Nasional，BSN）

印度尼西亚标准局（BSN）于1997年成立，BSN接管了印度尼西亚标准化技术委员会的相关工作。印尼标准局的主要目标有：

① 提高质量保证，生产效率，国家竞争力，公平竞争和贸易透明度，业务确定性，业务能力以及技术创新能力；

② 从安全，保障，健康和环境保护的角度，加强对消费者，企业，劳工和其他社区以及国家的保护；

③ 提高国内外贸易商品和服务的确定性，稳定性和效率。

印尼标准局的主要权利与职责有：

① 在该领域制定全面的国家计划；

② 制定支持宏观发展的政策；

③ 建立信息系统；

④ 制定和实施国家标准化领域的具体政策；

⑤ 制定和建立政策认证制度认证机构，研究所和实验室；

⑥ 确定印度尼西亚国家标准（SNI）；

⑦ 进行研究和开发活动；

⑧ 提供教育和培训活动。

lization

Main Secretariat

Bureau of Planning, Finance, and Administration

Legal Bureau, Organization, and Public Relations

Deputy of Standards and Accreditation

Standard Application System Center

Certification Body Accreditation Center

Standardization Research and Development Center

Standard Formulation Center

Standardization Cooperation Center

) Deputy of Information and Standardization Socialization

1 Information and Documentation Center of Standardization

2 Center of Education and Socialization

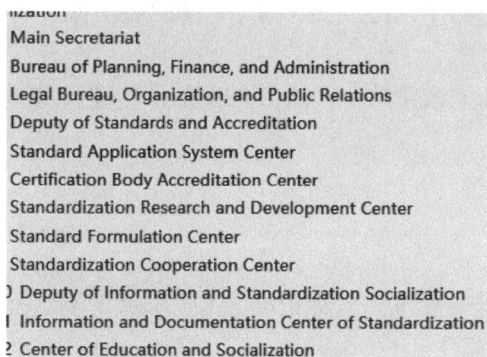

图 2-7　BSN 组织结构

印尼标准局的下设如下部门，如图 2-7 所示

3）印尼国家认证委员会（Komite Akreditasi Nasional）

印尼国家认可委员会（KAN）是印尼的认证认可监管机构，它的主要任务是建立印尼认证认可规章制度，协助 BSN 逐步完善印尼的认证认可体系，对认证机构、实验室和其他符合要求的认证监管认可机构进行认可，并负责对其认可的认证机构、实验室颁发的证书进行国际认可。

4）印尼标准化技术委员会

印尼标准化技术委员会由印尼国家标准局（BSN）、技术机构以及其他相关政府机构共同设立，主席由印尼国家标准局（BSN）负责人任命。与我国标准化技术委员会不同的是，印尼按照国际标准分类法（ICS）的类别成立相应的标准化技术委员会或分技术委员会，并负责起草相应的国家标准。目前，印尼已成立了 135 个标准化技术委员会、32 个分技术委员会，基本涵盖 ICS 涉及领域。

5）印尼标准化协会（MASTAN）

印尼标准化协会（MASTAN）是非政府非营利性机构，其成员主要由企业代表、消费者代表、学者代表、政府相关部门代表、BSN 代表等组成，基础广泛。MASTAN 积极扩大国内有关部门对标准化工作的重视，促进 SNI 采用国际标准，以提高印尼国家标准 SNI 的水平。MASTAN 还参与东盟成员国"技术标准协调（一致性）"计划，促进印尼国家标准 SNI 的发展。

（3）标准的制修订流程

根据印尼国家标准化指南（PSN）相关文件要求下，一般经过计划、起草、征求意见和批准步骤。一般程序是，经过市场需求形成提案、评估（PNPS）、工作组技术会议起草标准和讨论（RSNI1、RSNI2）、技术委员会或分技术委员会审查（RSNI3）并形成共识、技术委员会或分技术委员会和技术协会秘书处投票形成意见（RSNI4）、表决（RASNI）、BSN 签署批准（SNI）并出版，这种一般的研制程序时间较长，完成整个流程一般需要 19 个月。另外，印尼采取了另外两种快速程序研制标准，一是采用国际标准，由技术委员会起草并形成共识，直接到签署批准阶段，在这种方法下一般等同采用国际标准的情形较多；二是由全国协商后到直接签署批准阶段。

（4）印度尼西亚标准相关资源

技术委员会名单：http：//sispk. bsn. go. id/PanitiaTeknis/Pantek

分技术委员会名单：http：//sispk. bsn. go. id/PanitiaTeknis/SubPantek

3. 标准化政策及法规

印尼通过实施国家标准化战略提升竞争力，重点实施特色领域的标准化，标准化战略的规划期较长，目标明确。目前，印尼在实施 2010 年～2014 年国家标准化战略计划基础上，BSN 已制定完成了《2015 年～2025 年国家标准化战略草案》。2015 年～2025 年目标是实现能够支持印尼民族的生活提高竞争力和质量的国家标准化体系。草案提出了如下目标：

通过创建国家标准化体系，保证在印尼国内流通的国产和进口产品均符合 SNI 技术法规的要求，从而保障公共健康和安全，保护环境；

通过创建国家标准化体系，增强国民对国内市场的信心，根据印尼的特色发展印尼国家标准，从而赢得印尼国民对本土产品的支持；

通过创建国家标准化体系，促进印尼产品的出口，在全球市场占据更多的份额；

通过创建国家标准化体系，建立强大的国家创新平台，提高国民生产总值，使产品满足技术法规的要求，达到印尼国民和出口国消费者的质量预期，实现可持续发展；

通过创建国家标准化体系，提升产品的质量和生产效率，降低产品的价格，增强印尼产品在国内和国际市场的竞争优势。

印尼标准化政策战略部署重点：

• 完善国家标准化（质量）法律和法规体系

• 加强国家标准化（质量）基础建设

• 加强国家标准化（质量）信息提供和能力培训

• 加强标准化（质量）的研究与合作

• 促进 SNI 的发展

• 加强合格评定系统建设

• 加强国家标准计量单位系统管理

• 加强标准应用系统的建设

年份	SNI			
	新版	修改	在修订版中	废除
	0	0	0	0
2018	21	20	0	0
2017	329	193	0	0
2016	355	108	0	3
2015	347	14	0	4
2014	294	56	1	6
2013	320	52	7	11
2012	204	49	7	18
2011	362	122	49	68
2010	256	90	89	50

4. 标准化现状及原因分析

土木工程类标准共 248 本，强制性标准比例为 5.65%；建筑材料和建筑物类标准 490 本，采标率为 5.71%，强制性标准比例为 11.02%，见图 2-8。

图 2-8 印度尼西亚标准发布情况统计

据数据统计，中国的建设单位在印尼开展的建设项目非常多，涉及公路、桥梁、水电站等基础设施建设，同时也有一部分民用建筑工程项目。其中在所有 26 个项目中，同意采用中国标准的项目数量为 15 个，这说明印尼当局对中国标准的认可度还是相当高的。

（四）越南

1. 基本情况

（1）国家概况

越南位于东南亚的中南半岛东南端，三面环海，面积约 33 万平方公里，设有 5 个直辖市和 58 个省。越南坚持共产党领导，走社会主义道路，国内政局稳定。越南现行宪法是第四部宪法，于 1992 年 4 月在八届国会 11 次会议上通过。

越南政府是国家最高行政机关，越南政府机构包括：国防部、公安部、外交部、内务部、司法部、计划与投资部、财政部、工贸部、农业与农村发展部、教育培训部、交通运输部、建设部、信息与传媒部、劳动、伤兵和社会部、文化、体育与旅游部、科技部、卫生部、国家银行、民族委员会、国家监察总署和政府办公厅等部委。国会是国家最高权力机关，也是全国唯一的立法机构。司法机构由最高人民法院、最高人民检察院及地方法院、地方检察院和军事法院组成。

（2）投资环境

越南负责基础设施建设的主要政府部门有交通运输部、工贸部、建设部、农业与农村发展部等。其中建设部负责的建设项目包括公寓楼、公共工程、水泥厂等。越南是中国在东盟重要工程承包市场。据中国商务部统计，2016 年中国企业在越南新签承包工程合同 325 份，新签合同额 37.89 亿美元，完成营业额 33.24 亿美元。2017 年 1 月～5 月中国企业在越南新签合同额 27.4 亿美元。

（3）相关政策

从以下新闻与简讯中也可看出越南政府在投资、土地使用、工程承包等事件上的态度与处理方式

• 越南政府总理 2015 年 2 月签署的《关于按照公私伙伴形式投资的议定》（15 尼 015/ND-CP 号）规定 PPP 可投资建筑、改造、运营、经营、基础设施工程管理、提供公共装设备或服务等项目。对于越南政府鼓励投资的行政区域，投资方享受的优惠政策有：①企业所得税优惠；②进出口关税优惠；③减免土地租用费。

• 按照越南 2013 年《土地法》的相关规定，外国投资者不能在越南购买土地，可租赁土地并获得土地使用权，使用期限一般为 50 年，特殊情况可申请延期，但最长不超过 70 年。外国投资者需要租赁土地进行投资时，可与项目所在地的土地管理部门联系，办理土地交接和租用手续。土地交接和租用手续根据土地法的相关规定办理。投资者租用土地，当地政府部门可协助进行征地拆迁，但补偿费用由投资者负责。投资者获得土地使用权后，如在规定期限内未实施项目，或土地使用情况与批准内容不符，国家有权收回土地，并撤销其投资许可证。

• 越南法律没有禁止外国自然人在越南参加投标及承揽工程项目。满足以下条件的自然人可以在越南参加投标及承揽工程项目：

① 具有个人国籍的国家法律规定的民事行为能力；

② 有符合法律规定的专业证书；

③ 按法律规定进行注册；

④ 没有正在被刑事起诉；

⑤ 未在禁止投标期内。

• 越南政府出台"2011 年～2015 年科技发展目标和任务"。据此，未来 5 年，越南将建立 3000 家科技企业，其中 70%由高等院校和研究机构投资成立；科技市场交易量保持年均 15%～17%的增长速度；发明专利数量为过去 5 年的 1.5 倍；

2. 标准化体系、体制

（1）标准的分类

越南国内使用的标准有：越南国家标准（TCVN）、技术法规（QCVN）与国外标准。

越南国家标准代号为 TCVN，由越南标准协会（VSI）批准发布，越南标准协会（VSI）属于越南标准质量管理局（STAMEQ）。越南标准代码格式为"前缀＋数字：年份"。如 TCVN 4980：2006 为越南第 4980 号国家标准，2006 年出版。越南标准采用国际及国外先进标准的格式为"前缀＋国际/国外标准号"，如 TCVN ISO 9001. 其中 TC 代表技术委员会。

目前越南工程建设类相关标准共 302 项。

（2）标准化机构及管理方式

1）国家科技部（The Ministry of Science and Technology）

越南国家科技部是越南的政府部门，主管国家科学与技术的相关活动，同时负责发展国家的科技潜力，主管知识产权与标准与质量的相关内容，越南负责标准化工作与标准制定的单位 STAMEQ 由其管理

2）越南标准质量管理局（STAMEQ）

越南标准质量管理局（STAMEQ）的主要职能为：起草标准化、计量和质量管理法规，提交政府当局批准；指导和检查法规执行情况；建立标准化、计量及质量管理机构体系，并对它们的工作进行方法性指导；组织标准的宣贯和计量标准的保持；进行质量体系认证、产品认证、试验、试验室信任认证；对货物及测量实行国家监督；对标准化、计量和质量管理工作进行调查研究；在标准化、计量及质量管理领域内提供情报、培训及促进国际交流。

越南标准质量管理局（STAMEQ）有若干个分支机构：越南标准协会（VSI），由若干技术委员会组成，负责起草标准。越南计量协会（VMI）：负责保持计量标准（即计量用原器）。培训中心，设有标准化、质量管理、试验测量、技术转让、商业行政等课程。中小企业技术支持中心，对中小企业提供信息，培训企业家、技术转让和其他服务。质量保证、试验和测试技术中心，进行质量评估、鉴定和试验服务。这类中心目前已有 3 个，将来需要再组建 7 个。此外，STAMEQ 还有一个情报中心，主要提供标准资料，建立电子数据库，出版资料，见图 2-9。

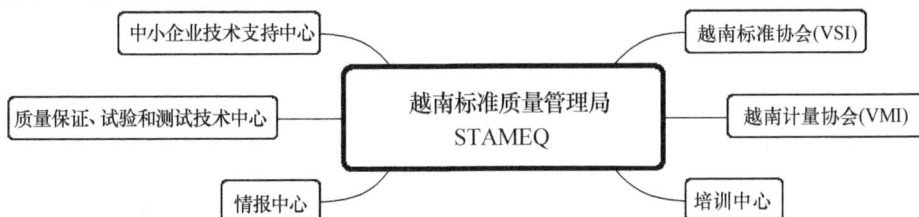

图 2-9　越南标准质量管理局组织结构 STAMEQ

3）越南建设部（Ministry Of Construction）

越南建设部主要任务为集中核查和完善体制；建设管理工具系统，特别是有效管理建设活动、城市基础设施发展规划、房地产市场、住房和保障性住房、建材等的监管工具；引导和有效展开有关法律法规，加大对执行工作的检查和监察力度；掌握好情况并及时解决实践中面临的问题。

4）越南质量与标准协会（VSQI）

5）国家标准技术委员会

技术委员会由代表国家机构、科技组织、协会、协会、企业、保护消费者权利的组织、其他有关组织和独立专家的专家组成。下设技术小组委员会，在具体从事标准化工作中，可成立相关的工作组从事具体工作。技术委员会由7至15名委员组成，技术委员会成员由标准局局长决定，并通过书面方式向有关机构、组织和个人提出。在特殊情况下，如需要编制复杂标准时，技术委员会成员数可能会增加。

技术委员会根据协商一致原则进行工作，在重大问题的讨论上，需要有3/4的成员通过方可实施。技术委员会秘书处的工作内容有如下：

● 编写技术委员会年度工作计划草案讨论和决定。

● 收集有关标准草案的资料、数据和文件以供建造和评论。

● 编写文件，制定标准草案，并送交各成员、当局。在征求意见阶段对标准草案的意见反馈进行整合与处理。

● 编写ISO技术委员会草案和技术委员会关于标准和质量总局的建议。

● 编写定期报告，或不定期地应标准和质量总局的要求，就工作进展和其他有关问题进行准备。

（3）标准的制修订流程

越南的工程建设标准化机构主要为国家科技部（The Ministry of Science and Technology (MOST)）以及建设部（The Ministry of Construction (MoC)），且两个部门的职能划分有如下的区别：科技部主要负责标准规范的制定，管理、发行等，如水泥规范，钢筋规范等；建设部主要负责土木行业标准化的准备，认证及管理，比如钢筋混凝土的设计标准。

越南工程建设标准的制定流程如下：

● 第一步：制定每一项建设标准的计划，并且提交至科技部门审核。

● 第二步：对建设标准的修订建议，一旦一项建设标准得到认可，标准修订这要准备一系列的修订建议。

● 第三步：制定建设标准的初稿。

● 第四步：在初稿的基础上进行修订，做第二次修订稿，如果被通过，将会提交至标准化建设的科技委员会。

● 第五步：科技委员会将会将二次修订稿转至专家委员会的相关专家进行审稿。

● 第六步：待专家委员审核完，提出修订意见之后，形成第三次修订稿。

● 第七步：由科技部组织对第三次修订稿进行专家会审。

● 第八步：形成最终定稿，并且提交科技机构最终审核。

● 第九步：由建设部发行出版。

（4）越南标准相关资源

● 越南标准质量管理局（STAMEQ）门户网站：http://tcvn.gov.vn

● 可获取越南当局所公布的最新标准规范信息，及相关政策信息。

● 越南质量与标准协会（VSQI）门户网站：http://www.vsqi.gov.vn/en/

● 有关标准化的相关法律文件资源链接：http://tcvn.gov.vn/he-thong-van-ban-qppl-tieu-chuan-hoa/

● 越南工程建设类标准查询通道：http：//tcvn. gov. vn/tra-cuu-tcvn/

3. 标准化政策及法规

越南工程建设标准由国家制定项目实施监督条例，由建设部的标准化管理机构具体实施，国家的标准均为强制性，监管机构制订季度、年度监督排查计划，开展专项抽检，并对违反强制性标准的行为进行处罚，并进行复查。

越南工程建设标准通过发行机构网站进行信息共享，行业协会内部之间进行建设标准信息传播，以及项目业主已承包方之间的建设标准的执行及监督。

目前，越南高度重视工程建设标准化的法律保护，从国家层面强制推行，无论是越南本国的建设标准，还是国际化标准，无一不显示越南国家的设计水平，对越南国家推行国家化标准建设，增强国际竞争力，以及提升经济水平都有着至关重要的意义。

2011 年～2015 年目标：颁布 4000 项国家标准，其中 45% 的标准与国际标准接轨；颁布 1000 项技术标准；对所有影响食品卫生安全和造成环境污染的产品按技术标准进行严格管理。

4. 标准化现状及原因分析

越南标准质量管理局（STAMEQ）在标准化活动中一直非常活跃，自成立以来，与全球 30 多个国家保持着交流与合作活动。该局作为越南代表参加了专门组织，如：国际标准化组织（ISO），国际电工委员会（IEC），泰国区域标准协会 Binh Duong（PASC），东盟标准和质量咨询委员会（ACCSQ），APEC 标准和合格评定小组委员会（APEC/SC-SC）；参加国际和区域衡量组织，如国际标准化组织（OIML），计量公约，亚太测量计划（APMP）；加入国际和地区组织，以获得国际实验室，亚洲及太平洋实验室认证的认证；和许多其他国际组织，如亚洲生产力组织（APO），国际产品编号组织（GS1）

由此可见，标准国际化是越南标准化活动的主要发展方向。

（五）缅甸

1. 基本情况

缅甸政府在资质资格上，对在缅甸承包工程项目的外国公司没有成文规定，欢迎讲信誉、有实力的外国企业来缅甸承揽工程项目。由于缅甸外汇短缺，政府优先发展可以为国家增加创汇或节省外汇的项目。电力、能源、铁路、交通、农业等属于缅甸重点发展的领域。

缅甸位于亚洲中南半岛西北部，全国划分为 7 个省，7 个邦和两个中央直辖市。根据 2008 年宪法，缅甸是一个总统制的联邦制国家，实行多党民主制度。总统既是国家元首，也是政府首脑。缅甸联邦议会实行两院制，由人民院和民族院组成。议会选举制度是当前缅甸政治的基本特征。2010 年 11 月 7 日，缅甸举行大选。2011 年 1 月 31 日，缅甸联邦议会召开首次会议，正式将国名改为"缅甸联邦共和国"，并启用新的国旗和国徽。缅甸总统为国家领导及政府首脑，政府设有国家投资委员会。政府管理机构共设 23 个部。

（1）相关法律法规及政策

近年来，缅甸政府努力推行市场导向的经济改革，在坚持继续发展农业的基础上，大力发展基础工业，兴修水利工程，加大交通设施建设投入合理开采石油矿产资源，经济社会发展有了较大起色，也给承包工程市场带来巨大商机。近年来，中资企业在缅甸的工程承包合作顺利发展，相继中标并顺利完成电站、桥梁、铁路、工厂、通信设施以及输变电项目等工程建设，在缅甸创出了品牌，赢得了信任。随着西方国家逐步解除对缅甸经济制裁，来自世界各国的企业纷纷进入缅甸市场，中资企业面临更加激烈的竞争。中资企业应利用自身优势，继续挖掘缅甸市场潜力，推动中缅经贸合作向纵深发展。

2017年6月，缅甸投资委员会公布了鼓励投资的10个行业，欢迎国内及外国投资者在这些领域投资，缅甸投资委及地方政府部门将对投资者提供必要协助。这十个行业里与建筑行业相关的有廉价房建设与工业园区建设。

1）缅甸投资法。《缅甸投资法》规定在1类地区投资可最多享有7年免所得税待遇，包括13个省邦的160余个镇区；在2类地区技资可最多享有5年免所得税待遇，包括11个省邦的122个镇区；在3类地区投资可最多享有3年免所得税待遇，包括曼德勒省14个镇区和仰光省32个镇区。投资于鼓励行业的项目可享受以上免税待遇。

2）缅甸禁止外国人及外资企业购买土地。外资企业在缅投资项目一般以BOT形式运营，缅甸政府将批给外资企业一定规模项目建设开发用地进行项目建设和经营，经营期满之后，缅甸政府将项目收归国有。

3）缅甸环境保护法规定了工业区、建筑物等地的污水处理工作要求及机器、车辆等排放指标。

（2）民用建筑工程建设管理

1）许可制度

缅甸政府欢迎有实力、讲信誉的外国企业来缅甸承揽工程项目。目前，缅甸并无明文规定涉及外国自然人在当地承揽工程承包项目的情况。2013年5月，缅甸总统府发布了政府部门招标准则，主要内容如下：

① 总则：政府部门须为招标成立招标工作委员会、投标审核委员会、质量检查委员会等，各委员会须制定相关规则，在官方报纸连续一周公布项目类型，在规定日期公开开标，并按照投标规则选择最低价投标者。

② 采购方面：政府部门须公布采购货物的种类和标准；优先采购政府工厂产品。

③ 建筑方面：任何公司均需公开参与竞标；对劳工费、业务服务费提出最低百分率者给予优先，对低价进行破坏性竞争的公司予以通报，不予选择。

④ 服务方面：中标公司可按规定价格收取服务费（公路和桥梁通行费等）；投标条件相同的情况下，对提供就业机会较多的公司给予优先。

⑤ 租赁方面：政府部门的业务转交给私营企业，须由私营化委员会通令办理；如有相同的最高价者，可由两者继续竞价，从中进一步挑选，竞标业务须在付清标费后移交；租赁的国有建筑，租赁期满后须原样交还。

2）招投标制度

缅甸工程建设项目一般实行公开招标制度，由政府部门自筹资金且金额在10万美元以上的项目，必须有3家以上的承包商进行投标；但是对于部分工期紧张、前期项目的延续性项目、政府有明确指示的项目，也可能会采取有限邀标或者议标的方式。由企业带资参与的卖方信贷项目，则一般只采取议标方式。

缅甸政府招标的一般程序：

① 缅甸政府在官方报纸上发布招标通知；

② 参标企业到政府指定部门购买标书，并缴纳投标保证金；

③ 第一轮竞标：在规定时间内提交技术标书；

④ 第二轮竞标：在规定时间内提交商务标书，并提交最终报价；

⑤ 公开招标。

缅甸政府规定，承包工程项目原则上采用公开招标的形式，但由政府部门自筹资金且金额在 10 万美元以上的项目，必须有 3 家以上的承包商进行投标。通常，发标部门对各投标方的技术细节和价格进行比较，形成授标意见后报请国家采购委员会审批。国家采购委员会一般要与竞标企业再进行一轮价格谈判，之后或维持发标部门的意见，或做出新的授标决定。根据采购委员会的意见，发标部门须上报国家贸易委员会审批，批准后再报内阁批准通过，最后进入实施阶段。

2. 缅甸民用建筑工程项目的监管部门、监管机制及有关情况

缅甸商务部负责制订和颁布关于进出口贸易的相关法令法规，批准颁发进出口营业执照以及进出口许可证，管理协调国内外展会，对进出口贸易活动进行统一管理。

缅甸投资委员会负责外商投资企业的审批工作，并将有关项目上报内阁进行审批。投资项目经缅甸内阁批准后，缅甸投资委员会负责向投资者颁发"投资许可证"。

3. 缅甸民用建筑工程建设标准化工作的负责部门及相关情况

DRI，见图 2-10。

DRI
Myanmar

Membership: Correspondent member

The Department of Research and Innovation (DRI) is part of the Ministry of Education.

DRI includes nine research departments and five technical support departments. DRI has three main divisions responsible for Standards Development, Accreditation and Metrology. Each division participates in the work of the ASEAN Consultative Committee on Standards and Quality (Working Groups 1, 2 and 3).

The Metrology Laboratory provides a range of six measurement services to industry: dimension, mass, volume, hardness, pressure and temperature.

DRI has drafted two laws on Standardization and on Metrology. It has established 19 technical committees to draft the Myanmar adoptions of international standards. Once approved, the three bodies: national standards body, national accreditation body and national institute of metrology will make up the National Quality Infrastructure.

DRI has been a correspondent member of ISO since 1 July 2005.

It is an affiliate member of IEC and an WTO TBT enquiry point.

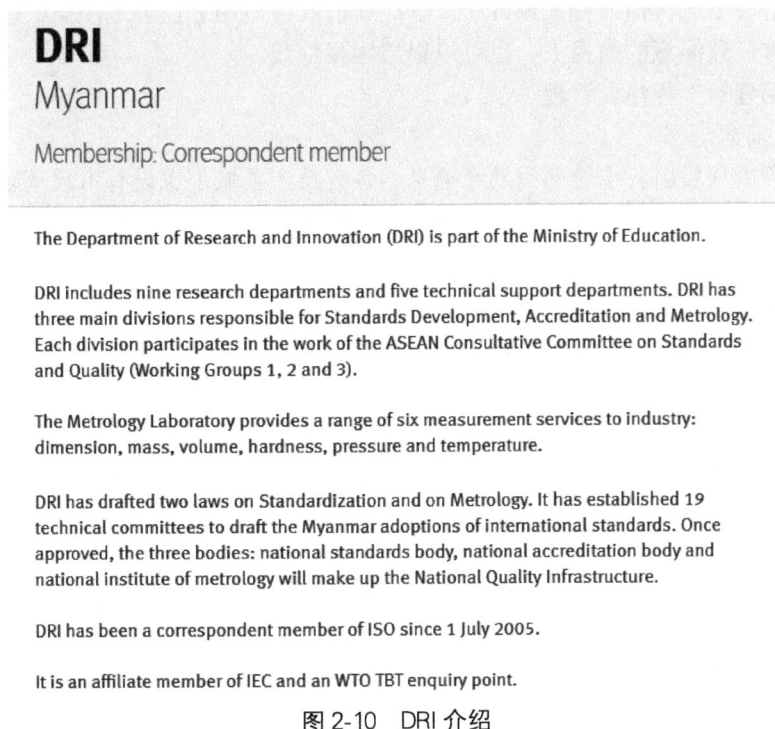

图 2-10　DRI 介绍

（六）老挝

1. 基本情况

老挝是中南半岛北部唯一的内陆国家，北邻中国，南接柬埔寨，东临越南，西北达缅甸，西南毗连泰国。湄公河流经 1900 多公里，国土面积 23.68 万平方公里。老挝实行社会主义制度，国会为国家最高权力机构和立法机构，负责制定宪法和法律。1991 年 8 月，老挝最高人民议会第二届六次会议通过了老挝人民民主共和国第一部宪法。宪法明确规定，老挝人民民主共和国是人民民主国家，全部权力归人民，各族人民在老挝人民革命党领导下行使当家做主的权利。政府为国家最高行政机关。老挝最高人民法院为最高司法权力机关。

（1）相关法律法规及政策

老挝是内陆国，基础设施建设比较落后，老挝鼓励外国企业在其境内投资基础设施建设，并在税收、制度、措施提供信息服务及便利方面有一系列的政策优惠。

1）土地法有关规定：外国人不能购买土地，只能租赁土地，租期一般不超过 50 年，特殊情况经批准不超过 75 年。

2）老挝不允许外国自然人在当地承揽工程项目，外国自然人需在老挝注册公司或以外国公司的名义方能在老挝承揽工程。按老挝法律规定，外国承包商在老挝承包工程需获得许可。老挝法律没有明确禁止外国承包商在老挝承揽工程项目的领域。

3）在老挝投资合作发生纠纷时，可依据订立合同时约定的纠纷解决途径解决，可以先行协商，协商不成再提请仲裁或诉讼。解决纠纷既可适用老挝当地法律，也可适用第三国法律。双方一致同意的前提下，也可以提请国际仲裁。

（2）民用建筑工程建设管理

1）招标投标

国家筹资的项目由各主管部门发布信息；各省及主要城市也设有市政基础设施管理部门，负责发布本地区的发展战略与项目信息。一般而言，招标项目均在主要报刊上发布招标信息。

老挝国家投资或国际组织贷款和援助项目，多数采用招标方式；自筹资金承建项目；或别国援助项目可通过议标方式进行。

2）许可手续

在老挝承包重大工程项目，一般是通过项目业主向老挝总理府报批，获批后即可签订工程承包协议并进行施工，监理单位可由施工单位推荐并由项目业主最终决定。

2. 老挝民用建筑工程建设标准化工作的负责部门及相关情况

老挝标准化和计量部（DOSM）是科学技术部下属的一个政府机构，于 2011 年 12 月 21 日由部长法令第 0836/MST 建立，见图 2-11。

DOSM 是国家在标准化、计量、认证、符合性评估及相关活动领域的权威机构。除了支持这些高度技术性的活动外，还负责特工宣贯培训服务。支持老挝创新和产业竞争

DOSM
Lao People's Democratic Republic

Membership: Correspondent member

The Department of Standardization and Metrology (DOSM) is a Governmental body under the Ministry of Science and Technology, established by Ministerial Decree #0836 /MST on 21 December 2011.

DOSM is the country's leading authority in the area of standardization, metrology, accreditation, conformity assessment and related activities. In addition to supporting these highly technical specific activities, DOSM's mission is to provide a host of credible technical services that support LAO innovation and industrial competitiveness by advancing measurement science, standards, and technology in ways that will contribute to the economic development of the country, improving the health, safety, environment and the standard of living of the Lao people. DOSM, as a service provider, will be guiding and creating awareness among the public and private sector of the value the National Quality Infrastructure as a tool to facilitate trade and economic growth.

DOSM is committed to tackling the technical challenges of developing a national quality infrastructure that is based on international standards and conformity assessment procedures. DOSM plans to promote the adoption and implementation of these international standards in order to take advantage of export opportunities within ASEAN countries in the short and medium term, WTO Member countries in the long-term and supporting domestic industry.

图 2-11　DOSM 介绍

力，有助于国家的经济发展，改善健康，安全，环境和老挝人民的生活水平。

（七）泰国

1. 基本情况

泰国是东南亚国家联盟成员国之一。泰国位于东南亚，位于中南半岛中部，西部和北部和缅甸和接壤。泰国全国分中部、南部、东部、北部和东北部五个地区，现有 77 个府。府下设县、区、村。曼谷是唯一的府级直辖市。

2. 泰国民用建筑工程建设标准化工作的负责部门及相关情况

泰国的标准化管理分别由国家工业部、农业部、卫生部等部门负责。泰国国家标准主要由泰国工业标准学会（Thai Industrial Standards Institute）来制定发布。该组织根据国家产业部国家《工业产品标准法》（Industrial Product Standards Act，B. E. 2511），建立于 1968 年。其主要职责是通过制定强制性和推荐性工业标准以适应泰国本国的工业、贸易和经济发展的需要，以及确保公平贸易和消除由标准测量引起的贸易壁垒。

泰国工业标准学会设有 4 个标准局，其具体职能负责相关产品的标准的制定、认证和监督。其中标准 1 局负责土木工程、建筑材料领域的相关标准化工作。

3. 泰国民用建筑工程认证制度

（1）检测认证机构

《工业产品标准法》授权泰国工业标准协会（TISI）负责泰国的认证工作。TISI 既是泰国的强制认证的政府主管机构，又是标准制定与管理机构、认证机构，同时还是实验室认可、人员培训与注册机构。值得注意的是，泰国没有非政府的强制性认证机构。

（2）认证流程

经过授权人员的检验并获得资质证书的合格评定机构才有权使用由 NSC 制定的强制性标准标识。泰国政府到目前为止要求必须进行强制性认证的产品领域包括：农业、建筑材料、消费品、电器及配件、PVC 管、医疗、LPG 燃气容器、表面涂料和车辆。除此之外其他产品的认证都是基于自愿性的原则。为促进合格评定的发展，NSC 制定相关政策允许合格评定机构申请某领域的自愿性标准标识的使用权，合格评定机构经过检验并获得证书之后有权使用由 NSC 制定的自愿性标准标识。

（3）工业产品认证

根据《工业产品标准法》，如果工业产品已经发布有相关标准，经授权人员对工业产品进行检验以及获得 TISI 秘书长颁发的认证证书之后，生产商可以使用标准标识。如果规定工业产品必须符合标准，这些产品必须贴有规定的标识。认证证书的申请、审查和发行程序由部长级法规进行具体的规定。如果工业产品为了在国内使用或者出于出口的目的，需符合与国内标准不同的国外或国际标准，相关标准必须经过工业产品标准委员会的批准，且生产商在生产之前，必须告知 TISI。TISI 可以与国外相关机构签订检验认证相关的协议；还可以授权国内外的政府机构或私营机构进行工业产品的检验认证工作，相关决定、标准、执行检验和认证的机构名称、工业产品的类型、实验室，以及检验和认证的范围会公布在政府公报上。授权人员有权对工业产品生产、存储、销售的相关场所或车辆等进行检查，可以取样或对违反规定的产品进行扣留；对于被扣留的产品，TISI 可以根据具体情况做出相应的责令改进、责令移除标准标识、销毁或其他决定。

四、非洲

（一）阿尔及利亚

1. 基本情况

从 1962 年 7 月 5 日独立以来，阿尔及利亚一直尝试着将其工程建设标准体系从原法国殖民地时期建立的标准体系转变到适合本国发展的独立的标准体系，但不可否认，今天的阿尔及利亚工程建设体系仍然借鉴了大量的法国标准。作为阿尔及利亚工程标准的历史渊源，法国标准是理解阿尔及利亚标准及其解释的重要依据。在历史上，阿尔及利亚标准是简单而不完善的延续了法国标准，当时法国标准在阿尔及利亚被直接使用而很少有例外。国家独立以后，阿尔及利亚工程建设业界对其由法国殖民者建立的工程建设标准体系进行了调整，用了近十年的时间再造了阿尔及利亚自己的工程建设标准体系。但这种改造并没有切断法国标准和阿尔及利亚标准之间那种紧密的联系，而是在符合国情的基础上对原有标准加以重新诠释。同时，这种重新诠释也受到了世界上各种国际标准，比如 ISO、欧标、美标、英标等。

2. 阿尔及利亚工程建设标准体系现状

阿尔及利亚建筑技术条例（Reglementation Technique Algérienne De La Construction）规定的建筑技术标准和规范文件分别由 DTR 和 NA 两部分组成。该技术条例由该国建筑质量检测中心于 2000 年 6 月编制完成。如同阿尔及利亚其他行业的运作一样，该国建筑行业的技术条例由常设技术委员会（CTP）负责管理。该技术委员会由阿国技术监控、研发中心、设计院、规范协会、公共行政部等多个政府和民间机构组成。阿尔及利亚建筑技术条例适用于该国建筑领域的各个方面。

3. 阿尔及利亚建设工程应用标准情况

在阿尔及利亚建筑市场中应用的规范体系主要有阿尔及利亚建筑技术条例（DTR 和 NA）、法国标准（NF），同时根据项目业主所聘用国外设计院的不同，会使用国际化程度高的欧洲标准（EN）、英国标准（BS）、德国标准（DIN）等工程标准。

4. 分析、展望

阿尔及利亚工程建设标准体系还不完善，其条款内容需在实践过程中不断应用并逐步发展。由国家公共行政部确认的，国外的一些条款可等同为现行规范并已补充入阿尔及利亚建筑技术条例中。作为建筑领域参与各方的法定或技术参照，参与各方必须了解并执行技术规范，努力推广和普及技术规范。

（二）南非

1. 基本情况

南非有"彩虹之国"之美誉，现是非洲第二大经济体，属中等收入发展中国家，国内生产总值（GDP）约占非洲五分之一。南非位于非洲大陆南端的战略要冲，是"金砖五国"和南部非洲关税同盟（SACU）成员之一，是与非洲大陆其他国家进行经济、政治、人文等方面交流的重要门户，还是跨国公司对非洲投资的首选目的地之一。

南非经济最初以农牧业为基础。19 世纪下半叶钻石和黄金的发现大大促进了经济发展，采矿业成为支柱产业。20 世纪制造业发展迅速，1945 年其产值超过采矿业。经过一个半世纪的矿业开发和工业化进程，南非已经建成世界领先的矿业和门类比较齐全的制造业以及现代化农业，拥有相当完备的金融体系和基础设施。

南非是中国企业在非洲投资的重点国家之一。中国企业主要分布在南非约翰内斯堡地区和各省的工业园中，投资项目涉及纺织服装、家电、机械、食品、建材、矿产开发以及金融、贸易、运输、信息通信、农业、房地产开发等多个领域。主要投资项目有中港集团铬矿项目、金川集团铂矿项目、酒钢集团铬矿项目、海信集团家电项目、北汽南非汽车工程项目等。

南非贸易工业部（DTI）是负责管理南非对外贸易的主要政府部门。南非国际贸易管理委员会（ITAC）负责南部非洲关税同盟地区的贸易救济措施调查，并对进出口管理、许可证管理、关税体制改革、产业优惠政策进行管理和监督。其他与贸易相关的政府管理部门还包括南非税务总署（SARS）和南非标准局（SABS）等。

南非规范进出口贸易的主要法律是《国际贸易管理法》，其他相关法律包括《海关与税收法》、《消费者事务法》和《销售和服务事务法》等。南非国际贸易管理委员会（ITAC）还制定了反倾销、保障措施、反补贴、进出口管制、关税调查等规章。

承包工程方面，南非业主，尤其是政府或国有企业招标的项目，评标的标准不仅注重投标公司的实力和报价，还注重促进南非本地经济发展、劳动力技能培训、技术转移、促进当地就业等内容。为了增强黑人经济实力，政府或国有企业的项目会要求投标者的黑人经济振兴评分达到一定标准。另外，南非工程承包市场准入条件高，建筑行业标准严格，在南非开展承包工程需要特别注意事前调查、分析、评估相关风险，事中做好风险规避和管理工作，以保障自身合法利益。南非的经济执法在某种程度上严于刑事执法，中国企业在南非投资一定要守法经营、依法办事。要遵守南非有关法律法规、税收制度、南非黑人经济振兴政策（BEE）等。尽管南非工程承包市场较难进入，但近些年中国企业在南非已有所突破。根据普华永道《2015年大型项目和基础设施支出预测》，到2025年，非洲道路逾期支出2000亿美元，年均增长率8.2%，其中南非将成为支出第二大的国家（430亿美元），在铁路和机场分别逾期支出320亿美元和20亿美元。中国企业应把握机遇，在做好充分调研的基础上，大力开拓南非市场，寻找新的突破。

南非吸收外资的优势主要包括：第一，南非政治经济稳定。为促进投资和经济增长，南非政府出台了一系列鼓励投资的政策、措施和规划。第二，南非金融、法律体系健全。金融业发达，律师事务所、会计事务所等第三方专业服务能力强。第三，南非矿产资源丰富，基础设施较发达，劳动力资源丰富，具有一定的科研和创新能力，是非洲地区制造业和服务外包产业的基地。第四，南非自然条件优越，风景优美，气候宜人。第五，不断壮大的中产阶级阶层为经济发展提供了强大的消费需求。

但是，在南非投资经营也需注意：第一，南非劳动法律规定严格，工会势力强，劳资关系紧张，罢工频发；第二，南非汇率市场化程度高，与美元、欧元等主要货币关联程度高，汇率波动大；第三，南非基础设施建设近年来发展较为缓慢，电力短缺尤为突出，已开始制约经济增长；第四，南非存在贫富差距大、失业率和犯罪率高、非法移民等社会问题，容易引发社会矛盾；第五，南非高素质劳动力缺乏，工资增长速度远高于经济增速，抬高了企业经营成本，削弱了制造业国际竞争力；第六，南非政府近两年收紧了外资，促进保护、签证、矿产资源开发等多项政策，土地改革不确定性大。2017年全球脆弱国家（地区）指数显示，南非2017年排名为96，被列入警告上升类国家。

2. 南非标准化机构情况

南非标准局（SABS）为隶属南非贸易和工业部（DTI）的政府机构，由7人～9人组成的理事会管理，SABS 的工作由 SABS 理事会管理，理事会的成员由南非工业贸易部部长任命，理事会对 SABS 的方向及目标做出决策。

根据 2008 年新修订《南非标准法》，SABS 的目标包括下列内容：制定、发布、宣传、维护、补充或撤销南非国家标准及满足南非各行各业标准化需求的相关规范性出版物；成为与 SABS 有类似目标的国外机构或国际机构的会员，与其他国家标准机构的代表进行工作联络；提供合格评定服务并协助处理相关事宜。SABS 的机构包括非商业化和商业化两部分，非商业化部分包括标准部和执法部，商业化部分包括认证和检测等活动。SABS 也可以在实施自己的职权并实现自己目标的同时，与任何国家或南非领土之外的某个人、某个机构、组织、管理部门或政府部门签署合作协议。SABS 的组织机构如图 2-12 所示。

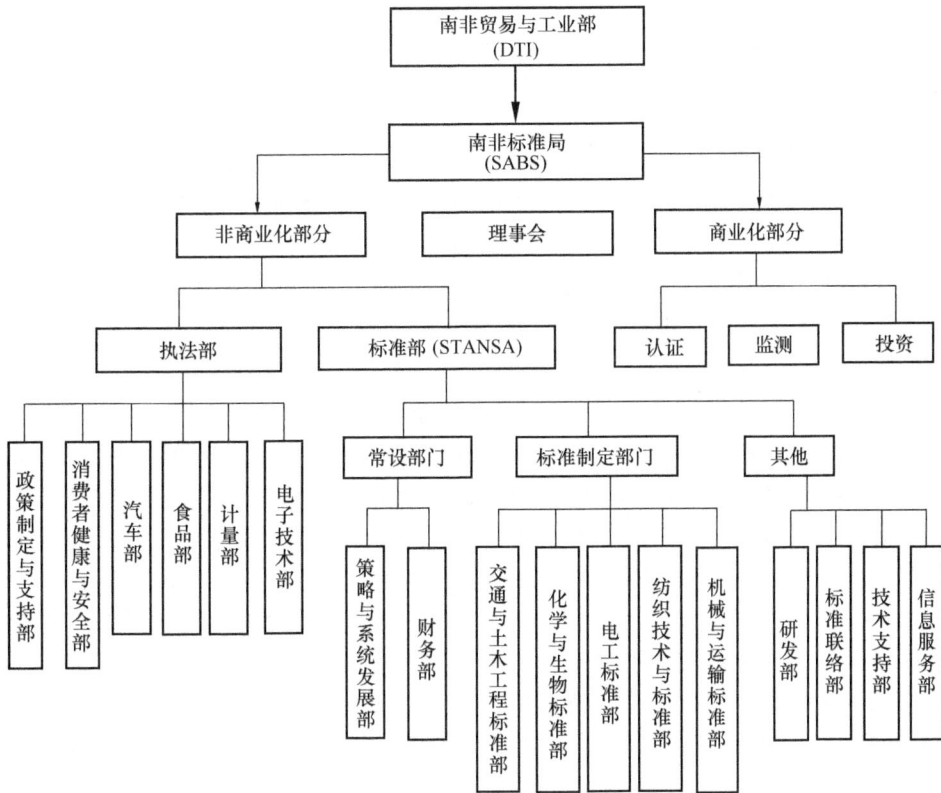

图 2-12　南非标准化机构组织结构图

标准部是 SABS 中主管标准制定和发布的部门，其名称为南非标准部（STANSA），主要包括化学和生物标准部、电工标准部、纺织技术标准部、机械和运输标准部、交通和土木工程标准部 5 个部门。此外标准部下还设有负责标准相关课题研究的研发部、负责与国际和区域标准化组织联系的标准联络部、负责标准语言、技术等方面审查的标准制定技术支持部，以及负责发布和销售标准、提供标准咨询服务和承担 WTO/TBT 咨询点工作的信息服务部。

执法部的全称是法规事务和消费者保护部，下设 5 个从事相应领域技术法规执法的部门，包括：电子技术部、计量部、食品部、汽车部，以及消费者健康与安全部。此外，执法部还设有政策制定与支持部，该部有个成员是国会议员，这样便于信息沟通与协调。

在参与区域和国际标准化活动方面，南非标准局长期处于非洲领先地位，其不仅是国际标准化组织（ISO）和国际电工委员会（IEC）的创始国之一，也是南部非洲发展共同体（SADC）标准化组织（SADCSTAN）的秘书长承担国，同时也是太平洋标准合作组织（PASC）成员和南美标准合作组织（COPANT）的联络成员。目前，南非共承担了19个国际标准化组织技术委员会（ISO/TC）和分技术委员会（SC）和两个国际电工委员会（IEC/SC）秘书处的工作。

3. 南非国家标准体系

按照《南非标准法》规定，SABS负责国家标准及相关规范性出版物的制定。为保证《南非标准法》的有效实施，SABS标准部出版了南非标准SANS1-1：2012《标准的标准——南非国家标准的制定》。

按照SANS1-1的规定，南非分为不同的标准文件，包括：南非国家标准（SANS）、行业技术协定（STA）、南非技术报告（SATR）、南非技术规范（SATS）等出版物。所有的南非国家标准及其他规范性文件，都需按照适当的程序，提交给SABS报批。一旦得到批准，这些文件就可以出版。规范性文件不能与任何国家标准或强制性规范冲突，或影响它们中的任何条款。关于规范性文件的技术内容，代表委员会可以通过召开正式会议或通过通信方式取得协商一致。

南非既存在强制性规范，又存在技术法规。南非国家标准SANS1《标准的标准》中分别给出强制性规范和技术法规的定义。强制性规范是指"由工业和贸易部部长，根据《国家规制的机关强制性规范法》第13条（2008年第5号法）的内容，宣布某个标准或标准的一部分为强制性的"。技术法规是指"通过引用某个南非国家标准或国家标准的部分内容，规定产品特征或与它们相关的程序及生产方法，可以实施的管理条款的文件，这些文件需要强制实施"。由此可见，"强制性规范"是由强制性规范国家规制机关董事会向贸易和工业部部长提出建议，由贸易和工业部部长宣布某个国家标准或国家标准的某个部分为强制性规范；但"技术法规"则是由政府部门根据规制需求而将某项国家标准或南非国家标准的若干部分宣布为技术法规。即发布机构不同，规制的方式不同。

在南非，政府在国家标准化工作中发挥决定性作用，而国家标准是南非强制性规范和技术法规产生的重要基础，从而为维护南非的公共安全、健康及环境保护发挥了重要作用。

总体而言，南非标准体系的特点可以概括为四点：政府机构直接全面管理国家标准化事务；国家标准是南非强制性规范和技术法规产生的基础；标准化文件形式十分灵活，以应对不同方面的需求，这些非规范性的标准化文件，既有利于技术创新和及时将产品推向市场，满足市场的需要，也为国家标准打下了来源基础；标准化机构具有非商业化和商业化双重职能。

4. 标准应用情况

南非标准体系较为健全，工程项目几乎都采用南非标准，外国人在南非投资的项目个别会结合采用欧标、美标与当地标准。

五、欧盟

（一）概述

CEN负责欧洲标准的制定。我们通常所说的欧盟标准是指欧盟层面上的欧洲标准。欧洲标准由欧盟标准化机构管理，各欧盟国家的国家标准由各国家标准化机构自行管理，但受欧盟标准化方针政策和战略所约束。

欧盟技术法规是法律性文件，包括条例、指令、技术标准。条例具有普遍适用性和全面约束力，直接适用，相当于议会通过的法令，公布生效后各成员国必须强制执行，无须转化为国内法。而指令是对成员国具有约束力的欧盟法律，成员国在规定期限内必须将其转化成符合本国具体情况的国内法，实施方法可自行选择，但必须修订或废除与指令有悖的国内法律。技术标准原则上是自愿执行的，但被欧盟指令/条例/决定或成员国法规引用后的欧洲标准就成为法律性文件，强制执行。强制执行的技术法规与原则上自愿执行的技术标准并存、相互配套。

（二）欧盟标准管理体系

1. 标准的管理

欧盟标准由欧洲议会和理事会、欧洲标准化委员会等管理。

2. 标准的编制

EPBD指令由欧盟标准化委员会提出，CEN标准由各国际标准机构提出，组织专家编制。

3. 标准的采用

标准投票通过后，欧盟各成员国家标准机构发布新的欧洲标准作为国家标准并废除与其冲突的国家标准。

4. 标准的执行

由欧盟各个成员国发布其实施报告，来评估各国的标准执行情况。

5. 标准的监管体系

欧盟经过了长期的市场经济、法律监管和政府管理的经验积累和实践检验，不断总结经验和教训后形成了欧盟标准监管体系，见表2-2。

欧盟标准监管体系表

表 2-2

类别		内容/职责	作用和意义
技术法规	条例	欧盟建筑产品条例（CPR法规）	规定了原则和目标（基本要求），各成员国需选择适应本国的机制和管理模式，进行细化并确定如何实施来达到技术法规的要求
	指令	欧盟建筑能效指令 EPBD	管理建筑能效的重要法律，各成员国必须根据指令要求并结合本国实际情况在规定期限内将指令最低标准纳入本国法律体系或提高标准
技术标准	协调标准	欧共体技术法规制定方法	克服原有技术法规（指令）存在技术要求过于具体、制定时间长、通过生效条件太高等不适应欧洲经济、科技及贸易发展的问题，减少贸易障碍，构建统一的技术壁垒
	认可文件 ETAG	评价产品的具体特性/要求	详细描述产品性质和技术认可时的详细测试方法以及需要注意的问题
	认可文件 CUAP	规定技术认可的程序文件	开展技术认可工作的评估程序依据
监管体制	政府	设计和施工过程质量监督	保障公民的生命、健康及财产安全
	业主	政府对业主质量管理的要求以及产品购买者对产品的需求	业主负责制，出现质量问题首先追究业主责任，造成损失由业主承担
	设计方和承包商	设计和施工质量负责	设计单位和施工单位有义务按合同中质量要求提供合格的建筑产品
	认证	产品安全认证是强制性认证，合格认证和体系认证是自愿性认证	法规的实施通过强制性认证实现，标准的实施通过自愿性认证实现

（三）产品条例

欧盟建筑产品条例（Construction Product Regulation）（305/2011/EU-CPR）简称欧盟 CPR 法规（以下简称 CPR）。2011 年 3 月 9 日欧盟公布了新的建筑产品法规（305/2011/EU-CPR）代替了旧的建筑产品指令（89/106/EEC-CPD）（以下简称 CPD）。CPR 只规定原则和目标（基本要求），各成员国需选择适应本国的机制和管理模式，进行细化，并确定如何实施以达到技术法规的目标。

CPR 的第四章"协调技术规范"分别对协调标准，有异议的协调标准，欧洲评估文件，欧洲评估文件的内容及其采纳原则，建筑产品性能的等级分类等做出相应规定。其中，CPR 明确规定：凡是符合欧洲协调标准的产品，被认为符合技术法规的基本要求。相反，有悖于协调标准的成员国国家标准应立即撤销。同时，它强调了委员会建立的建筑产品性能分类，欧洲标准化组织须将其纳入协调标准，技术评估组织也须将其运用于欧洲评估文件中。

CPR 覆盖 500 个产品协调标准以及 3000 个～4000 个的实验方法。同时适用于欧洲市场销售流通的所有建筑产品，如：混凝土、门窗、壁纸、建筑颜料、钢纤维、土工、玻璃棉等保温材料、地板、屋顶材料、沥青混合料、石膏料、混凝土料、水泥、管道、铺地材料、下水道设备、门窗、玻璃、结构金属产品、紧固件、防水材料、结构木料、交通信号指示、防火器材和加热设备等。

（四）欧盟建筑能效指令（EPBD 2010/31/EU）

建筑能效指令 EPBD（the Energy Performance of Buildings Directive）最早发布于 2002 年，即 2002/91/EC，是管理建筑能效的重要法律，该指令于 2010 年修订，即 2010/31/EU。指令主要涉及家庭住宅和第三产业建筑（商务和公私服务行业）。欧盟成员国必须根据指令的要求并结合本国的实际情况，在规定的期限内将指令的最低标准纳入本国的法律体系或自愿提高标准，进而在以后的新建筑工程建设中必须采取最低节能建筑标准或更高标准。欧委会进行全面的统一协调，由成员国具体负责本国节能建筑最低标准的组织和实施。

EPBD 还规定各成员国应当保证，不管是建筑能耗证书、建筑最小能耗要求、锅炉和空调系统的定期检查以及提供建议等都应当由相对独立的专家和有一定资质的专业人员操作和执行，以达到公平、公正的目的。

EPBD 并不仅在欧盟立法上影响建筑能效，同时也推进了各个欧盟国家针对自身情况下的能源服务行动，引导各个欧盟国家进行建筑能效的合理控制和优化管理，在欧盟国家 EPBD 是最优先任务。欧盟成员国受 EPBD 所设立的能源需求管理委员会监督，许多政府机构也都在帮助政策的制定和实施。虽然在个别成员国 EPBD 引入最低标准的能源性能表现概念，但它仍有缺点：只涉及新建筑和现有要大翻修的建筑物。这大大减少了它的适用范围，因为现有建筑存量只占欧盟的最终能源需求的 40%。

（五）相关标准

1. 协调标准

为进一步建立和完善欧洲统一大市场，促进和深化欧洲经济一体化进程，减少内部自由贸易障碍，构筑统一的技术性贸易壁垒，同时，为克服原有技术法规（指令）存在的技术性要求过于具体、制定时间长、通过生效条件太高等已不能适应欧洲经济、科技及贸易发展要求的问题，欧共体于 1985 年通过了《关于技术协调和标准化新方法》的理事会决议，决定实行新的制定欧共体技术法规的方法（即新方法，按照新方法制定的技术法规称为新方法指令）。

协调标准是由欧洲标准化组织根据欧盟委会和欧洲标准化委员会（CEN）、欧洲电工技术标准化委员会（CENELEC）、欧洲电讯标准化组织（ETSI）达成的指导原则而起草，并被欧盟委会所采用的欧盟标准。根据欧共体第 98/34/EC 号指令所给定义，欧盟标准是由欧洲标准化组织为重复或继续适用而采纳的、非强制性适用的技术规范。

2. EOTA 技术认可文件（ETAG）

ETAG 的基本目标是建立认可机构如何评价产品的具体特性/要求。ETAG 必须包括如下内容：

（1）相关解释性文件清单；

（2）产品在六大基本要求内的特定要求；

（3）产品测试程序；

（4）测试结果的评价和判定方法；

（5）合格评定的相关程序；

（6）技术认可的有效期限。

ETAG 详细阐述了其被评估产品的概述、范围、术语、使用性能评估指南、验收符合性（包括验证和评估的符合性、制造商和验证机构的任务和责任、CE 标记和信息）等 ETA 相关内容。

ETAG 指南是需要 EOTA 组织的认可，同时还需要向标准委员会咨询，并且需要成员国以其官方语言公布的一个关联文件。

欧洲技术认可组织（EOTA）负责管理和组织制订欧洲的协调技术认可文件（ET-AG、ETA 和 CUAP）。

（六）监管体制

1. 政府

政府对质量的监督是保证公民的生命、健康及财产安全，包括对设计阶段和施工过程质量的监督。

2. 业主

业主应承担的质量责任主要从政府对业主质量管理的要求以及作为建筑产品的购买者对建筑产品提出需求两个方面进行考虑：业主是建筑产品的所有者和最终使用者或受益者，因此政府对建筑产品质量的监督是针对业主的，施工许可证和使用许可证的申请都是由业主申报的。政府一旦查出工程质量存在问题，首先是追究业主的责任。业主是建筑产品的购买者，其购买的是建筑产品的使用价值，因此对建筑产品必须给出明确的定义。如果由于用户需求定义错误而产生的质量问题，造成的损失通常是由业主承担。

3. 设计方和承包商

欧洲各国实行"谁设计谁负责，谁施工谁负责"，设计和施工质量的好坏完全由生产者负责。在国外无论是设计单位还是承包商都有义务按合同中对质量的要求提供合格的建筑产品。

4. 强制认证与自愿认证

建筑产品中，产品认证中的安全认证是强制性的，产品认证中的合格认证及体系认证是自愿性的。合格评定是市场经济中必不可少的环节，是市场准入的验证条件。例如，KEYMARK 标志是 CEN 和 CENELEC 共同创制，证明产品符合相关欧洲标准的第三方自愿性认证。法规的实施通过强制性认证实现，如 CE、ETA 和 EPC 等都是为了贯彻法规的要求而推行，CE 认证采用的协调标准也推动了一系列标准的实施。标准的实施更多是通过各种自愿性认证实现。

六、英国

(一) 基本情况

英国是世界上标准化工作起步最早的国家之一。1929 年英国乔治五世国王根据"皇家宪法"组建了"英国工程标准化协会"的法人团体和政体，1931 年 11 月颁布了"补充宪章"，"协会"改名为"英国标准协会（BSI）"，同时确立了 BSI 的法律地位，组成形式，以及工商各界承担的工作范围。1968 年和 1981 年英国又对"宪章"进行了修改补充，增加了"宪章细则"，进一步明确了 BSI 的工作目标及其机构设置等。英国标准学会的宗旨是协调生产与用户之间的关系，解决供求矛盾，改进生产技术和原材料，实现标准化，避免时间和材料的浪费；制定和修订英国标准，并促进其贯彻执行；以学会名义对各种标志进行登记，并颁发许可证；必要时采取各种措施，保护学会的宗旨和利益。

(二) 标准体系现状

英国的技术标准是由英国政府委托民间独立的非营利组织——英国标准化协会（The British Standard Institution），简称 BSI，统一领导主持标准的编制和监督，英国标准化协会成立于 1930 年，1942 年政府宣布英国标准化协会为发布国家 BSI 标准的唯一组织。除 BSI 外，英国建筑领域的一些大型专业学会（协会）、团体，也根据法规、技术准则、BS（ISO、IEC、ENS）标准，以及会员的技术水平和实践需要制定本专业的技术标准，如英国国家住房建造委员会（NHBC）制定的《住宅建设标准》等。

BSI 标准原则上没有强制性，均属自愿采用的标准。但是这些标准一旦被技术准则引用，被引用的部分或条款即具有与技术准则相同的法律地位。制定过程严谨，并充分体现公开性和透明性原则。

(三) 标准应用

英国是世界上最早利用标准开展产品质量认证的国家，BSI 建立的认证体系在政府颁布的《商标法》中确立了合法地位。

1. 主要的质量认证种类

标志认证：是属于 BSI 所有的注册商标，只有经 BSI 准许，生产者才能使用。使用该标志的企业产品必须符合 BSI 标准，同时要求生产企业建立 BS—5750 要求的质量保证体系。工厂的质量体系必须由 BSI 审核。

安全标志认证：使用这种标志的产品，必须符合 BS 标准的安全规定或其他产品的有关安全要求。使用这种标志亦需要经过 BSI 准许。

工厂能力的评定和注册：这是一种按照一定技术规范评价工厂保证产品质量能力的制度。而这种规范并不要求一定符合 BS 标准要求，采用其他产品的企业也可以申请评定和注册。但是，在检查评定时，工厂提供的文件必须符合 BS—5750 的质量保证体系要求。

BS 9000/CECC 和 IECQ 认证体系：这是一种为评定各种电子元器件质量而建立的认证体系。BS9000 适用于英国国内电子元器件质量认证，CECC 适用于西欧多数国家，IECQ 则适用于国际。

2. 认证质量工作的措施

为了保证认证工作的质量，英国采取了以下措施：

（1）英国政府贸工部建立了实验室认可制度，简称 NATLAS。

（2）建立了由政府贸工部支持，由质量保证学会（IQA）负责执行的质量保证首席评定员（指评定小组组长）登记制度，规定从事质量保证的首席评定员必须经过资格考核登记。

（3）为了保证认证机构的工作质量，确立其合法地位，英国政府建立了认证机构的认可制度（NACCB），规定只有符合规定条件要求的认证机构才准许从事认证工作。

七、美国

（一）基本情况

美国是联邦制国家，其建筑标准体系与世界其他国家相比较为独特。联邦政府不负责且很少涉足建筑标准事务，往往由各州政府负责，州政府来颁发相应的实施建筑标准。模式规范（Model Code）主要由协会或标准组织负责编制，而这些机构大多为独立的非营利民间或私营机构，不受政府机构和组织的管理。各州则负责建筑安全立法工作，有各自相应的工作程序和进度安排。因而，各州对模式规范的采纳均由各州自行决定，各州的采纳情况及进程也可能各不相同。

（二）标准体系现状

1996 年美国颁布《国家技术转让与进步条例（公共法 104-113）》，明确提出：只要有可能，所有的联邦政府部门都应采用由自愿性协调一致标准组织制定的标准代替政府唯一性标准。该《条例》加入了鼓励联邦政府各个部门参与民间组织标准制定活动的条款，不仅有助于提高政府工作的有效性和效率，而且也有助于强化美国在全球市场中的地位。

美国技术标准的制定机构大体有：（1）政府指定的标准化组织；（2）法律、政府授权的非营利性标准化社会团体。其编制管理是高度市场化的多足鼎立模式，有 600 多家组织制订标准，如美国国家标准技术研究院（NIST，隶属商务部）、美国材料试验协会（ASTM）、美国土木工程师协会（ASCE）、美国混凝土学会（ACI）等。

标准主要分为四类：（1）国家标准；（2）政府部门标准；（3）专业标准（行业标准）；（4）公司标准。其主要内容包括：①实现技术法规的强制性目标、功能陈述和性能要求的方法和途径；②建设工程各环节和使用中的非强制性技术要求及其实现方法和途径，包括尺寸规格、设计计算、建材与制品、试验方法、工艺规程等。

标准批准发布机构包括：（1）美国国家标准学会（ANSI）；（2）联邦、州政府有关部门；（3）标准化专业团体如 ASTM 等；（4）企业（公司）。标准编制周期一般为 1 年～2 年，修订周期 3 年～5 年，其版权归编制者和管理者。经费主要来自政府拨款和专款、出版销售、培训和会员会费等。

ANSI 本身很少制订标准。标准由相应的标准化团体、技术团体、行业协会制订。这些组织按自愿原则将制订的标准提交 ANSI 审批成为美国国家标准。同时，ANSI 在联邦政府和民间标准组织系统之间起到协调作用，指导着全国的标准化活动。ANSI 遵循自愿性、公开性、透明性、协商一致性的原则，主要有 3 种方式制定审批 ANSI 标准。

1）由 ANSI 认证的标准制订组织（Accredited Standards Developer，ASD）负责起草，报 ANSI 标准评估理事会（Board of Standards Review，BSR）审核批准。

2）由 ANSI 认证的标准制订组织（Accredited Standards Developer，ASD）负责起草，报 ANSI 指定授权机构（Audited Designator，经 ANSI 执行标准理事会授权的 ASD）审核批准（此时，无须 BSR 审定即可成为国家标准 ANS）。

3）相同或等效采纳 ISO 或 IEC 标准为国家标准，对于由 ANSI 认证的美国技术咨询组（US TAGs，参与 ISO 活动）投票确认的相同采纳及与现行 ANS 没有冲突或重复的相同采纳，可以采用快速采纳程序；对于其余情况，则需要走 ASD 的认证程序。

ANSI 的标准，绝大多数来自各专业标准，而且标准是自愿采用的。在美国，标准本身不具有法律属性，只有被州、市、县政府采用后，成为本地建筑技术法规中引用的标准条文，才成为法规，即仅被地方建筑技术法规引用的条款具有强制性。

（三）标准制定

在美国，任何个人和组织（包括协会、学会、制造商等）均可提出编制或修改标准的建议。任何组织都可以编制自认为有市场需求的技术标准、指南及手册。美国国家标准学会（ANSI）通过一定的程序将某一标准认可为国家标准后，该标准才可能被地方政府依法采纳，而成为某一方面或某一地区的法规。因此，建筑技术标准只有在被联邦政府、某些州、县、市依法采纳或在已被采纳的法规中所引用时，才能成为建筑技术法规，在其行政管辖区内具有法律效力。

国家标准战略 NSS2010 版指出：标准应该适应社会和市场的需要，而不是树立贸易壁垒，并得到国际社会的广泛认可。美国标准化系统在标准编制方面基于以下一系列国际认可的原则：（1）透明性，（2）开放性，（3）公平公正，（4）有效性和相关性，（5）一致性，（6）基于性能的，（7）连贯性，（8）正当程序，（9）技术支持。

为保证公正与公平，ANSI"美国国家标准制定正当程序要求"用以规范美国国家标准（ANSI）的立项、修订、再确认及撤销活动的一致自愿性发展。其主要内容有：（1）正当程序的必要要求，（2）基准要求，（3）合规的 ANSI 政策，（4）合规的 ANSI 管理程序，（5）ANSI 指定授权机构的合规政策与程序。

ICC 规范有一套严谨且详细的程序规定。ICC 董事会设立"国际规范相互关系委员会"（International Code Correlation Committee）和"工业咨询委员会"（Industry Advisory Committee）；ICC 设立了 5 个委员会，即"国际建筑规范委员会"（International Building Code Council，IBCC），"国际防火规范委员会"（International Fire Code Council，IFCC），"国际性能规范委员会"（International Performance Code Council，IPCC），"国际管道和机械规范委员会"（International Plumbing & Mechanical Code Council，IPMCC）和"ICC 标准理事会"（ICC Standards Council，SC）。委员会的成员有政府官员、专业技术人员，均为自愿参加且任何人都可以报名、申请，审查通过后，即可以成为委员会的成员参加规范编写。ICC 在技术、管理和法律方面制定了 43 部章程和委员会政策，以 CP××-×× 命名，以保证 ICC 模式规范成为协调完善的体系。

如 CP28-05 规范编制章程，其对规范的制修订作了详细的规定，其主要内容有：（1）介绍（包括规范制修订的目的、具体目标等）；（2）规范编制周期（包括制修订意图，新版本和补充说明等）；（3）规范修改建议提交（包括目的、提案的格式等）；（4）提案处理；（5）听证（包括目的、委员会、一般程序等）；（6）公众意见（包括目的、格式、内容等）；（7）最终表决意见（包括目的、议程、程序等）；（8）申诉。

ICC 每年修订一次规范（从 2003 年开始改为一年半），每三年出版新的版本。ICC 采用开放式的方式修订规范，即任何人都可以提出规范条文的修改建议的提案，ICC 在其主页上公布所有的提案。

NFPA 理事会是 NFPA 的最高决策层，发布所有 NFPA 标准编制的管理文件和制度。NFPA 标准委员会由理事会任命，负责监管标准编制活动及规章制度的管理，并作为申诉机构。NFPA 标准编制程序最大的特点是完全性、开放性和基于一致性，任何人都可以公平平等地参加标准编制，鼓励公众积极参与。标准的修订周期大约为 3 年～5 年，通常情况下标准修订需两年才能完成。

NFPA 标准编制程序有四个主要阶段：（1）补充阶段，NFPA 标准一经公布即开放接受公众补充；（2）征求意见稿阶段；（3）联合技术会议；（4）委员会申诉和标准发布。

美国的标准制定主要依靠大量的非官方机构，技术法规中大量引用各专业协会、学会编制的配套技术标准，而这些机构都有着整套合规、完备的标准编制和管理程序。如美国土木工程师协会 ASCE 标准规范的编制程序大体为：（1）关于提出新增（标题、条文、说明、附录）或修改的规定；（2）标准条文提出；（3）委员会通信表决；（4）委员会通过提出的标准条文；（5）意见投票处理确认；（6）反对票处理；（7）编辑修改；（8）勘误；（9）委员会标准及说明终稿得到 CSC 批准；（10）征求公众意见；（11）修改或再确认；（12）指定为美国国家标准。

在国际标准的制定中，美国政府起到的作用比较多样化。它既可以作为协议机构的成员，也可以作为一个单独的"国家团体"组织参与，或者加入专业化和技术化的组织，还可以参加以技术为主题的联盟。ANSI 作为协调者和促进自愿性标准的机构，起到了独特的作用。

第三章　标准国际化途径

我国标准国际化的主要途径分为以下几种：

（1）通过系统地将相关标准翻译成国际语言，实现与国际接轨，组织我国工程建设标准及相关产品标准的翻译工作，推动工程建设标准和规范的输出，从技术层面消除壁垒，推动目标国家或地区直接采用或转化采用我国标准，提高我国工程技术标准国际竞争力。

（2）通过加强我国与目标国家或地区标准化组织的合作，开展标准的互认及共同制定标准等，并应用到具体项目中，逐步扩大我国标准的影响范围。同时通过我国标准在目标国具体工程项目中的实际采用，提升标准的认可度，自下而上实现标准互认。

（3）加强与ISO、IEC、ITU等国际标准化组织的合作，通过参与国际标准的制修订，推动我国高水平的技术标准得到国际标准化组织（ISO、IEC）的认可，直接成为国际标准。

（4）通过与有国际影响力的认证组织及各目标国认证机构的合作，主动参与海外认证检测业务，完善国内外认证机构与国内外相关标准化机构的协调合作机制，扩大我国标准认证的影响力。

一、标准的翻译及应用

（一）我国标准的翻译

随着越来越多外资企业走进来、越来越多中国企业走出去，遵循国际语言惯例的标准翻译可以协助中国企业走出去，符合标准要求能够为走出去的工程建设企业提供全方位的翻译解决方案，包括日常商务往来沟通、前期国外市场调查、招投标文件翻译、技术文档软件本地化、现场口译、远程电话口译、标准化解决方案等。同时面向外企，根据外企提出的需求，收集国内技术规范，进行技术梳理与材料汇编，编写成英文报告，方便外企了解国内技术要求。

根据《国家标准化体系建设发展规划（2016～2020年）》关于加强国际标准化工作的要求，积极主动参与国际标准化工作，其中明确要求"吸纳各方力量，加强标准外文版翻译出版工作"。

截至2016年9月30日中国标准馆馆藏数据，现行中国工程建设标准（包括国家标准、行业标准、地方标准、协会标准）共计6022项，其中国家标准1276项。在所有现行中国工程建设标准中，108项等同采用（IDT）国际标准、15项等效采用（EQV）国际标准、67项修改采用（MOD）国际标准、40项非等效采用（NEQ）国际标准，主要都是工程机械类产品标准。

对于没有等同采用国际标准的中国工程建设标准，我国各行业主管部门近年正在积极开展标准的外文版编译工作，并已初具规模。

交通运输部公路领域已发布外文版标准共 43 本，其中英文版 37 项、法文版 7 项，主要编译标准有《公路工程技术标准》（JTG B01－2003）、《公路工程抗震规范》（JTG B02－2013）、《公路勘测规范》（JTG C10－2007）等，涵盖了勘测、设计、试验检测、施工等门类。目前在编外文版标准共 13 项，其中英文版 8 项、俄文和法文版共 5 项，主要有《公路工程技术标准》（JTG B01－2014）的英、法和俄文版、《公路路基设计规范》（JTG D30－2015）法文版等。2017 年 5 月明确标准外文版编译项目又新增《公路路线设计规范》的英文版和法文版编译、《公路沥青路面设计规范》英文版编译等总计 24 项。水运领域，2011 年 11 月，《水运工程设计通则》和《水运工程施工通则》英文版正式发布，正式向国外推出了中国水运工程设计准则及施工准则，对我国水运企业开拓国际市场提供了重要的技术法规支撑。随后，交通运输部根据标准发展需求，开展了 30 本水运工程技术标准的中译英工作，内容涉及港口与航道的设计、施工等各方面。

国家铁路局 2014 年完成了《标准轨距铁路机车车辆限界》等 19 项标准翻译出版；水利部完成《小水电自动化设计规范》等 7 项标准翻译出版；住房城乡和建设部完成 20 项《建筑工程绿色施工评价标准》等 20 项标准英文版翻译出版等；石油化工领域，中国石油化工集团有限公司编制完成了企业标准《炼化工程建设标准》英文版，同时，在国家财政的支持下，中国石油化工集团有限公司还将主导编制的我国石油化工工程建设标准纳入英文版翻译计划，在未来几年内逐步完成近 300 项国家标准和行业标准英文版编制。

此外，中国路桥工程有限责任公司结合海外业务的需求，从中国对外承包商会购买了 400 本土木工程标准规范的英文版。

（二）国外标准的翻译

国家鼓励各行各业积极采用国际标准，而且还通过颁布相关国家标准，来规范对国际标准的采用。将国际标准翻译成中文，是采标首先要做的工作，是采标的基础。鉴于标准文件的特殊性，除一般的科技文献翻译技巧外，国际标准的翻译还有许多需要特殊注意的地方，特别是翻译时如果能够尽可能地向国家标准相关要求靠拢，将会为后面制定国家标准创造方便条件。

国外技术标准最大特点是：专业性强，翻译难度大。我国许多标准（包括国标）都是翻译国外、国际标准制定的，他们的翻译都十分准确，如国标 GB/T 1.1 等指导我们编写标准的标准就是按相关的 IEC 标准翻译制定的。因此这些国家标准可作为我们进行标准翻译时的参考标准。这样国外技术标准翻译难度就大大减少了。国外技术标准的另外一个特点是格式规范，符合国际标准，也符合我国国标 GB/T 1.1 的要求，因此有利于等同、等效采用。

另外，标准是一种规范性的文件，其中有很多"套话"——规范性的标书。同时为了明确条款的性质，对一些助动词的适用也做了具体的规定。例如，提要求时要使用 shall（译作"应"）；提建议时，要使用 should（译作"宜"），不能按照一般词典上的翻译来，需要特别注意。除此之外，将外文标准翻译成中文还有些技巧需要注意：（1）直译结合专业词汇意译；（2）结合相关的国标的标准术语来翻译；（3）翻译标准时应逐句翻译，并符合原文的格式；逐句消化，有些国外技术标准的参数值表示法不同于国标，在翻译时应按原文翻译，并换算表示成符合国标的表示法。对于等同采用标准是指在内容、格式上同原标准一样的采用。等效采用标准则指内容一样，格式不同地采用标准。

（三）组织协调

住房和城乡建设部公布了《工程建设标准翻译出版工作管理办法》。这是该部为适应工程建设标准化的发展、规范工程建设标准的翻译出版工作、保证工程建设标准外文版质量而制定的。办法适用于工程建设标准的翻译及出版发行。

办法明确，工程建设标准翻译出版工作，由国务院住房和城乡建设主管部门统一管理。工程建设国家标准的翻译出版工作，由住房和城乡建设部标准定额司统一组织，中国工程建设标准化协会负责有关具体工作。工程建设行业标准、地方标准的翻译出版工作，可由标准的批准部门委托中国工程建设标准化协会或其他有关单位组织开展。办法规定，工程建设标准的翻译出版，应当根据工程建设标准化工作规划和计划，分期分批组织实施。工程建设标准翻译出版工作的经费，可以从财政补贴、科研经费、企业资助、发行收入等渠道筹措解决。

办法还对工程建设标准翻译出版的管理机构、工作机构及职责等作了规定。办法指出，住房和城乡建设部标准定额司负责牵头成立工程建设标准翻译出版工作领导小组，领导小组下设工程建设标准翻译出版工作办公室，该办公室设在中国工程建设标准化协会。

办法还要求，工程建设标准的翻译计划，应按照实际需要、配套完善、保证重点、分步实施的原则确定。符合下列条件的工程建设标准优先列入翻译计划：工程建设强制性标准，国际贸易、经济、技术交流需要的重要标准，与以上标准相配套的标准。而凡属下列情况之一的工程建设标准不得列入翻译计划：未正式批准的工程建设标准，已废止的工程建设标准，未经备案的工程建设行业标准、地方标准，其他不应翻译的工程建设标准。

根据办法，为统一工程建设标准英文版出版印刷格式，住房和城乡建设部标准定额司还组织制定了《工程建设标准英文版出版印刷规定》；为保证工程建设标准英文版翻译质量，还制定了《工程建设标准英文版翻译细则（试行）》。

这一系列的措施对工程建设标准英文版的翻译、出版等工作提出了指导性原则及具体的技术要求，为工程建设标准英文版的规范性、准确性及与国际标准的协调性等提供了保障，为全面开展工程建设标准国际化奠定了坚实的基础。下一步还需在中外标准条文表达方式的通用性、知识产权、我国工程建设标准海外适用性等方面做进一步探索。

（四）标准的应用

目前在部分境外工程中，通过双方协议或合同约定，采用我国标准，迄今为止中国企业在海外最大的有色采选冶联合投资项目是集采、选、冶为一体的世界级矿业项目。依据中外双方"框架协议"的规定，该项目采用与国际接轨的中国标准，并在工程设计中必须严格执行。根据总承包合同要求，结合我国设计规程、规范和现行标准，该项目共使用中国标准 310 项，中国图集约 80 项。

二、标准的互认

2013 年国家主席习近平提出"一带一路"倡议。支撑政策沟通、设施联通、贸易畅通。开展与"一带一路"沿线国家的合作，规范中外标准互认程序，加大标准互认力度，增加标准互认的国家和标准数量。标准是实现"一带一路"沿线国家互联互通的重要纽带。

标准互认是指区域内各成员签订协议规定，满足任何区内成员国内标准的商品可以在区内自由流动，前提是区内各成员在安全、健康、环境和消费者保护等方面的规制目标是一致的，这在很大程度上取决于其经济技术的发展水平。因此互认模式主要适用于区内各成员发展水平相当的情况（如欧盟）。当区内成员的规制目标一致时，各成员所制定的标准都可以克服生产或消费外部性所带来的市场不稳定，这构成了标准互认的基础。采取标准互认合作方式无需制定统一的区内标准，因此也无需对国内标准及相关技术法规进行调整，从而大大节省了各成员标准一致化合作的调整成本。

中国企业的产品要想进入"一带一路"沿线国家和地区的市场，会遇到各种不同的技术标准和法律法规。统计显示，40% 的中国企业在走出去的过程中遇到过技术性贸易壁垒，损失高达数百亿美元，而其中 80% 的原因是因为信息不对称，不了解、不熟悉当地市场对于相关产品质量的技术要求。要帮助中国企业更好地研究"一带一路"沿线国家和地区的市场，对质量安全风险做出有效监测，推动技术标准互认，帮助中国企业更好地走出去。

标准互认协议立足于发挥标准对贸易的技术支撑作用，把标准与本国贸易发展紧密结合，共同研究并制定国际标准和两国通用的国家标准，推动共同关注领域标准的相互采用，推动互认标准成为双边贸易中共同遵守的技术依据，以便利双边贸易。2013 年底，中国与英国签署了标准互认协议，就 100 多项标准达成一致。中英标准互认协议的签署，是我国标准化事业发展的一个里程碑，开启了标准化国际合作新篇章。为发挥标准化对"一带一路"倡议的服务支撑作用，中国发布《标准联通"一带一路"行动计划（2015～2017）》旨在全面深化与沿线国家和地区在标准化方面的双多边务实合作和互联互通，推进标准互认，推动中国标准"走出去"，以便于简化双边贸易手续、降低贸易成本、促进市场互通，助力"一带一路"。

2015 年，国家标准委与蒙古、哈萨克斯坦、新加坡、塔吉克斯坦、亚美尼亚等 5 个"一带一路"沿线国家的标准化机构签署了标准化合作协议。根据协议，国家标准委将与"一带一路"沿线重点国家标准化机构深化互利合作和互联互通，在双方共同关注的领域，相互采用对方标准，共同推动产品标准的协调一致，减少和消除贸易壁垒。

国家标准委主任田世宏指出，在推动"一带一路"建设中，标准是经济贸易往来与产业合作的技术基础和技术规则。他就推进"一带一路"沿线国家标准化国际合作提出倡议：积极推进标准互认，加强标准信息交换，提高国家标准一致化水平；聚焦沿线国家共同的发展关切，推动共同制定国际标准；合作开展农业标准化示范区建设，分享和推广全体系先进农业标准化技术；开展沿线国家和地区标准化专家交流及能力建设。

按照"一带一路"倡议，质检总局、国家标准委积极推动与"一带一路"沿线国家开展标准化合作，与俄罗斯、塞尔维亚等沿线国家标准化机构签署合作协议。国家标准委已与阿尔巴尼亚、波黑、柬埔寨、黑山、俄罗斯、塞尔维亚、斯洛伐克、马其顿、土耳其、蒙古、哈萨克斯坦、新加坡、塔吉克斯坦、亚美尼亚等21个"一带一路"沿线国家签署了标准化互认合作协议，在"一带一路"沿线国家中占比32%。与英国互认62项标准，促进双方贸易便利化；通过中欧、中国－东盟、中法、中德、中英、中国与非洲电工标准化委员会等多双边合作机制以及区域、国际标准化活动，与"一带一路"沿线国家建立了固定的沟通渠道；同时，配合海外工程及优势领域，加强中法铁路标准化合作、推进中英石墨烯标准化合作、推动中俄油气等标准化合作。

此外，各民间标准化组织机构也纷纷与境外标准化组织开展了标准化合作协议，如中国工程建设标准化协会与加拿大标准协会集团签订了合作备忘录，有利于中加两国在工程建设领域的生产、设计、施工、验收、监理、质量监督等方面的标准化交流合作，为未来开展境外标准化互联互通项目奠定了基础。

（一）东盟国家

东南亚国家联盟（Association of Southeast Asian Nations），简称东盟（ASEAN）。成员国有马来西亚、印度尼西亚、泰国、菲律宾、新加坡、文莱、越南、老挝、缅甸和柬埔寨。其前身是马来亚（现马来西亚）、菲律宾和泰国于1961年7月31日在曼谷成立的东南亚联盟。

1. 泰国

泰国位于是亚洲中南半岛中部，与缅甸、老挝、柬埔寨和马来西亚接壤，东南经泰国湾出太平洋，西南临安达曼海入印度洋。泰国实行市场经济，对外开放，外向型经济是国民经济的主要特征，对外贸易在泰国经济中占据重要比重，无论是种植业、渔业还是工业、旅游业，几乎都以对外出口为主。

为了强化监督国家标准化工作的实施，1968年12月27日颁发了《工业产品标准法》，一直以来是泰国开展标准化活动的法律依据。2008年，在《工业产品标准法》的基础上，泰国分别发布了《国家标准法》和《农业标准法》，旨在提高国家标准化相关管理部门的工作效率，促进国家标准化工作的统一协调发展。

泰国工业标准协会（TISI）制定了2016年～2020年的标准战略，希望通过实施"诚信、道德、协作、国际化"的价值观，以高效、便捷、精通的服务，获得可持续发展的标准有益价值，从而使泰国标准化生产的产品以及服务得到认可，并在国际竞争中脱颖而出。

近年来，中泰之间的双边关系不断增强，双方建立了全面战略伙伴关系，在贸易、农业、铁路、粮食等方面开展了全方位的合作。

泰国标准分为强制性标准和自愿性标准。自愿性标准根据自愿原则实施，内容包括单方面或多方面的要求。据泰国TISI官网数据统计，目前，泰国TIS标准共计3114项；截至 2018 年 2 月 24 日，强制性标准 120 项，包括土木和建筑材料 28 项、电气电子工程 45 项、流体工程 3 项、传热工程 2 项等。泰国目前有 1266 项社区产品标准，超过 70000 生产者已经过认证。据泰国农产品和食品标准局官网上同济，泰国 TAS 标准目前共有 161 项，产品标准 69 项，体系标准 68 项和通用标准 24 项。

泰国从 1966 年开始成为 ISO 成员国。TISI 代表泰国参与 ISO 的管理工作并加入 ISO 技术委员会。TISI 参与 ISO 308 个技术委员会和 4 个政策制定委员会的工作。泰国于 1991 年申请加入 IEC 并参与相关的决策活动，成为该组织中 24 个技术委员会的参与成员，在 56 个技术委员会中担任观察员。泰国是东盟标准与质量咨询委员会（ACCSQ）成员并参与 8 类产品的质量认证统一工作。泰国每年都参加太平洋地区标准会议（Pacific Area Standards Congress，PASC）。

泰国目前正扩大对外招商引资，提升发展出口导向型经济，积极引进外资参与农业、旅游、环保、新能源、建材、基础设施建设等领域合作。我国在参与上述领域建设合作的同时，针对中泰共同采用国际标准的标准以及技术指标基本一致的标准进行互认，其他标准开展一致性可行性研究，推动中泰标准融合，为推动中国-泰国认证结果互认打下良好基础。

由于地缘关系，泰国的经济活动对老挝、柬埔寨等影响较大，特别是这些国家标准化程度低，柬埔寨很多标准是采用泰国标准。因此，通过与泰国标准互认与标准化合作，可以促进与泰国及其周边国家双边或多边区域标准化合作，推动中国－东盟标准化发展。

2. 马来西亚

马来西亚标准分为推荐性标准和强制性标准。先发布推荐性标准，推荐性标准中的一部分，通过有关议会法案、技术规则和政府批准了之后，才能成为强制性标准。并不是所有的标准都能成为强制性标准，只有在影响到消费安全、环境和健康领域的标准才有可能最终形成强制性标准。

马来西亚采用的标准主要有本土国家标准和国家等效采用的国际标准两大类。前者采用"MS"作为特征码，后者采用"MS＋国际标准特征码"作为标准特征码，编号与国际标准编号完全一致的马来西亚标准是自愿性的，但被法规引用的标准是要求强制性执行的，整个标准体系基本与国际接轨。马来西亚标准的采标率接近 60％。

推荐性标准可供政府和私人企业采用，用于生产和商务的工业与贸易性组织可自愿采用标准，管理部门可以提出采纳这些标准的强制性规定，同时，管理部门既可以发布他们自定的规定标准，也可以完全采纳国标或在规定中采纳部分国标。

马来西亚标准开放程度较高，政府部门及企业均可根据需要采用国际标准，开展与政府部门或企业的标准化合作，可以提高我国工程标准在马来西亚的认可度。

3. 缅甸

缅甸标准分为自愿性标准和强制性标准，目前只有国家标准，代号是 MMS。缅甸国家经济处于发展起步阶段，制定缅甸国家技术标准的工作目前处于实践中。2017 年 8 月首次发布了 50 项缅甸国家标准，这 50 项标准均采用 ISO、IEC 或 CODEX STAN 标准。

缅甸与日本、韩国、澳大利亚、新西兰、中国、印度、马来西亚和泰国等国家和组织进行标准化合作。美国国际开发署通过经济改革与东盟一体化项目为缅甸提供支持，提高缅甸立法能力和机构建设能力，以适应国际最佳规范要求并确保实施的有效性。缅甸在东盟标准与质量咨询委员会（ACCSQ）中积极担职，积极参与标准化活动，推动东盟一体化发展。

缅甸是我国基础设施、技术的重要援助国，其中国家质量基础设施也是援助的重要形式之一，可将我国工程建设标准作为国家质量基础设施的一个重要组成部分输出。

（二）南亚国家

南亚指位于亚洲南部的喜马拉雅山脉中、西段以南及印度洋之间的广大地区。它东濒孟加拉湾，西濒阿拉伯海。南亚共有 7 个国家，尼泊尔、不丹为内陆国，印度、巴基斯坦、孟加拉为临海国，斯里兰卡、马尔代夫为岛国。南亚位于东亚连接中亚—西亚通往欧洲的中心区域，自古以来就是东西方经济文化交流的枢纽地带，扼守在全球繁忙的印度洋航线的咽喉地带，对世界经济安全产生重要影响。

南亚各国都是发展中国家，为适应国内外发展环境标准，促进本国经济发展，各国都颁布了一系列法律法规，支撑本国标准化建设工作，但是碍于国家经济和产业发展，南亚地区整体标准化水平不高，发展参差不齐。

南亚国家本土标准和国际标准融合是目前南亚国家标准化战略的重点之一。我国已搭建了与印度的认证认可合作渠道，建立了与巴基斯坦的认证认可合作机制。随着"一带一路"倡议在南亚全面铺开，我国继续加快对南亚标准体系、检验检测手段、合格评定程序的研究，充分发挥与南亚机构、组织、企业合作渠道的优势，深化中国工程建设标准在南亚的影响力。同时，我国可与南亚各国在基建工程、轨道交通、抗震减灾等方面合作开展标准比对分析研究项目，形成中国与南亚的标准互认清单，为"一带一路"建设中实现标准协同一致提供更有效的路径。

在我国于南亚的交流合作中，可利用我方技术经验和优势，支持和帮助南亚国家开展工程标准化工作，提高南亚工程建设标准化水平，联合南亚各国共建工程建设领域具有国际水准的本地化标准。具体需要从以下几点着手：

（1）了解和深入研究南亚建筑产品标准产生、建筑产品市场准入、工程建设标准体系等内容；（2）实现共建基础设施、共享标准信息资源、共商标准协调一致性问题；（3）在政府层面共建合作实验室，强化标准、合格性评定程序、检验检测手段对技术支撑作用；（4）在我国与南亚经贸合作中，加强政府层次和执行部门经常性沟通，深化标准化合作有效途径。

一直以来，我国缺乏常态跟踪南亚标准化事务的专业机构，缺少与南亚国家标准化合作交流的配套机制。国家标准委与"一带一路"沿线国家标准化机构签署了一系列合作协议，但没有南亚。在国家标准委指导下，成都市标准化研究院和四川大学南亚研究所共同承建南亚标准化（成都）研究中心，建立了统筹协调的管理运作机制，协调域内外标准化研究、经贸、科技、产业、知识产权、对外交流等合作资源，搭建平台、促进贸易。

1. 印度

印度标准具有集政府主导、政府与市场作用相互交织、强化合格评定与标准的衔接、体现共同治理的标准化特点。印度标准按照层次分为国家标准、临时（暂行）标准、协会标准、企业标准。这些标准制定机构主要分为印度标准局、政府部门、行业协会以及企业。印度国家标准编号形式分为两种，（1）采用了 ISO 或 IEC 的标准编号 IS＋序号＋制定年份；（2）标准编号 IS＋序号＋制定年份。截至 2017 年 5 月 31 日，印度共发布国家标准 22293 项。截至 2016 年底，印度国家标准的采标率为 27.26%。

我国标准在印度的应用认可主要通过具体项目实现，以中国企业在印度的某项目为例，合同中明确规定强制标准按印度标准，其他的标准按中国标准，但是要参考印度标准。中国土建专业标准得到项目属地国的认可，在安全、环保、消防和通信方面，按照项目属地国的标准或认可的国际标准。

2. 巴基斯坦

巴基斯坦标准分为国家标准、行业标准和企业标准，包括强制性标准和自愿性标准两类。巴基斯坦宣布了 109 个产品标准要符合强制性标准，其中 38 个为食品标准。截至目前巴基斯坦共制定 31576 条标准，其中 8857 项标准为自制，接近 76% 都采用国际标准（15700 项采用 ISO、6370 采用 IEC、634 采用 ASTM 和 15 项采用 FAO/WTO 标准）。在巴基斯坦 109 条强制性标准中，有 6 条采用 ISO/IEC 标准。巴基斯坦广泛参与国际标准化工作。

巴基斯坦标准和质量控制局（PSQCA）是巴基斯坦政府科学和技术部下属机构。该机构主要规范和执行标准。

在区域上，巴基斯坦是伊斯兰国家标准与计量研究所（SMIIC）、南亚区域标准组织（SARSO）、区域标准化和合格评定及认可与计量研究所（RUSCAM）成员。巴基斯坦标准和质量控制局（PSQCA）现局长是 SMIIC 董事会副主席和 SARSO 技术管理委员会（TMB）主席（任期 2017—2019）。巴基斯坦标准和质量控制局（PSQCA）目前已和美国、孟加拉国、白俄罗斯、印度、伊朗、约旦、毛里求斯、沙特阿拉伯、土耳其、也门 10 国的 12 个组织签署了合作备忘录；正在和中国、印度、韩国、斯里兰卡等 13 个国家和 14 个机构进行合作备忘录的洽谈。

巴基斯坦标准化发展具有"标准、认证、认可、检测职能一体化"、"以政府为主导的标准管理体制"、"国际化程度较高"的特点。可以通过中巴合作项目等渠道加强与巴基斯坦标准化机构的合作，扩大中国工程建设标准的影响力。

3. 斯里兰卡

斯里兰卡鼓励企业自行采纳国际标准，标准的执行和贯彻依赖于采标各方的努力。斯里兰卡只有少数标准是强制性的，截至 2015 年，斯里兰卡强制性标准为 41 项，主要为食品、电子产品、水泥及水泥制品、钢产品、PVC 制品和牙膏。在时间上斯里兰卡标准分为斯里兰卡标准协会成立后制定的标准，代号为 SLS；和沿用锡兰标准局制定的标准，代号为 CS。分为国家标准、行业标准和企业标准。斯里兰卡现行标准 2324 项，建筑标准占比不到 6%。

斯里兰卡标准协会（SLSI）是斯里兰卡国家制定标准的机构。该机构是国家科学技术署下属机构。可以提供第三方产品质量认证。

斯里兰卡国家标准制修订部门是斯里兰卡标准协会（SLSI）标准部，下设科学标准部和工程标准部，工程标准部主要负责国家工程标准制修订，下设电气与电子工程部、机械工程部、土木工程部，涉及领域包括信息技术、电器能效表示、建筑维修和工厂活动，该部门还积极参与产品认证管理。除此之外，工程标准部也与其他机构共同探索并推动国家标准的制修订与实施：与斯里兰卡建设、培训和发展机构共同制定土木工程标准测量方法；与劳工部共同制定锅炉及其他压力容器国家标准；与可持续能源管理局共同制定电气能效等级标准；与石油部共同制定润滑油国家工程标准。

斯里兰卡标准协会（SLSI）官方数据显示，现行斯里兰卡的国家标准共计 2324 条，直接采用国际标准 86 项，其中欧洲标准 51 项，ISO 标准 32 项，IEC 标准 3 项。这些标准主要涉及建筑业、钢制品、水泥制品以及管理技术领域。《2014 年 SLSI 年报》显示，新国家标准中采纳国际标准的比例高达 81.8%。建筑领域是斯里兰卡国家研究和发展的重点领域，SLSI 设立了材料实验室为钢产品、水泥与混凝土等建筑材料提供检测服务，同时开展水泥测试培训、钢材测试培训等，支撑该领域的标准化活动。

斯里兰卡是政府主导型标准化管理体制，国家标准机构斯里兰卡标准协会（SLSI）负责标准制修订、国家标准信息查阅、产品认证、系统认证以及标准化人才培养等。斯里兰卡国家标准化发展与本国研究发展结合紧密，质量、建筑、食品、纺织品领域和机械工程领域的标准化活动尤为活跃，同时还重视与国际标准接轨，标准的管理、制修订流程及法规多参考欧美要求。斯里兰卡积极采纳国际及欧美标准，现行标准为 2324 项，涉及食品、农业、化学、纸和纸板、化妆品、包装、纺织和服装、皮革和鞋类、实施准则、检验方法、术语和词汇、管理体系标准等领域，只有少数为强制标准。

建筑领域是斯里兰卡标准化工作的重点领域，可通过加强与 SLSI 工程标准部的交流合作，有计划输出我国工程建设领域优势标准，如港口、道路桥梁等，提高我国工程标准的影响力。

4. 尼泊尔

尼泊尔国内执行尼泊尔标准（NS）。尼泊尔标准分为国家标准、行业标准和企业标准。尼泊尔国家标准可以分为以下两类：一是尼泊尔本国自行制定的标准，如尼泊尔标准（NS）；二是直接采用国际标准，如 ISO 标准、IEC 标准。尼泊尔标准编号：标准代号 NS＋序号＋截至年份，例如 NS197：2046。

《质量认证标志法》规定尼泊尔标准分为自愿性标准和强制性标准，只有涉及消费者健康和安全的产品需执行强制性标准。尼泊尔政府鼓励消费者使用被授予尼泊尔标准标志的产品。

尼泊尔政府还颁布一系列法律法规和技术规范来完善标准化体系，涉及食品安全、动植物保护、包装材料、电气工程、建筑规范等各个方面，目前尼泊尔正在开展《尼泊尔标准法律法规》《尼泊尔认证法律法规》的起草工作。

尼泊尔在化工、食品、环境、管理体系、建筑等领域多直接采用 ISO 标准。截至

2016 年底，尼泊尔已出版和制定国家标准 888 项，其中直接采用 ISO 标准 105 项，直接采用 IEC 标准 5 项，尼泊尔标准 783 项。关于建筑行业的标准 128 项，约占标准总数的 14.41%，建筑行业采用 ISO 标准 5 项。

尼泊尔还同世界其他国家积极开展标准化合作，2016 年 11 月，尼泊尔参加中国－南亚标准化合作工作会，主要围绕"中国'一带一路'建设与国际标准化的思考"、"标准化－非关税壁垒及质量控制"等主题进行交流，尼泊尔标准与计量局正加紧同中国签订标准合作备忘录。

目前，中国已成为尼泊尔第二大贸易伙伴，了解尼泊尔标准化体系，对加强中尼经贸往来，推动中国标准"走进"南亚具有重要的参考意义。

(三) 西亚国家

西亚（Western Asia），亚洲西部，自伊朗至土耳其，是联系亚、欧、非三大洲和沟通大西洋、印度洋的枢纽。包括的国家有伊朗、伊拉克、阿塞拜疆、格鲁吉亚、亚美尼亚、土耳其、叙利亚、约旦、以色列、巴勒斯坦、沙特、巴林、卡塔尔、也门、阿曼、阿拉伯联合酋长国、科威特、黎巴嫩、塞浦路斯、阿富汗共 20 国。

1. 沙特

截至 2017 年初，沙特标准计量局（SASO）共发布标准 23819 项，主要涵盖电子、信息、机械、计量、材料、石化、农产品、纺织和质量这九大行业领域。其中电子及电子产品标准 5446 项，信息和文件类标准 1005 项，机械及金属制品标准 4468 项，校准和计量标准 1845 项，建筑材料及施工类标准 3114 项，化工和石油产品标准 5415 项，农产品标准 1472 项，纺织产品标准 1046 项，质量管理类标准 8 项。

沙特标准总体分为强制性标准和自愿性标准两大类，并未像我国划分得那么细，有国标、行标、地标、企标的细化。沙特标准中强制性标准占标准总数的 13%，主要分布在电子、机械、计量、化工、农产品五大领域，其中化工和农产品的数量最多，分别有 695 项和 686 项，分别占强制性标准总数的 23% 和 22%；自愿性标准占沙特标准总数的 87%，主要分布在电子、化工、机械、建筑和计量五大领域，其中电子、化工、机械的比例最大，分别占自愿性标准总数的 24%、23%、20%。

沙特标准计量局非常重视采用国际标准和参与国际标准化的活动。在沙特 23819 项标准中，采用国际及国外标准的比例达 90% 以上，其中采用 ISO 和 IEC 最多，分别是 13026 项和 5932 项，占标准总数的 55%。

沙特标准计量局还是很多国际和区域标准化组织的成员国，在国际标准组织 ISO 中参与的 TC 数量达 200 个，但在国际标准化组织中担任要职的并不多，也不能主导标准的制定，标准化的国际影响力还有待提高。但在阿拉伯区域标准化组织，如阿拉伯工业发展和矿业组织（AIDMO）和海湾标准化组织（GSO）中的影响力和参与标准制定的程度较大，是组织中很多重要 TC 的主要参与成员。

我国标准在沙特的应用认可主要通过具体项目实现，以中材节能股份有限公司余热发电项目为例，该工程项目是中材节能采用中国国家标准《水泥工厂余热发电设计标准》

GB 50588 建设的余热发电工程项目，在当地并没有关于水泥工厂余热发电的技术标准。项目投入运行后，各项考核指标优良，得到了业主的高度认可。中国的水泥余热发电标准已经是国际事实标准，并将在国际项目工程中得到更广泛的应用。

2. 伊朗

伊朗的国家标准化机构是伊朗标准与工业研究学会（ISIRI），该机构在伊朗贸易部的指导下工作，负责制定及管理伊朗国家标准。伊朗的工程建设标准总的来说遵循国际标准的相关规定，同时也结合实际情况制定了本国标准。近年来，随着伊朗成为主要的国际承包市场之一，也越来越多的接纳符合本国最低要求的国外标准。但总的来说，伊朗在基础研究领域相对薄弱，更多的借鉴了先进国家的标准规范和技术研究成果。

以伊朗公路项目为例，伊朗现有的设计技术标准和规范有：《道路几何设计规范》、《桥梁荷载规范》、《伊朗道路沥青路面规范》、《道路一般技术规范》等，而对于隧道通风、隧道招募、桥梁结构设计等却没有自己的工程技术标准和设计规范，在合同的技术协议书中，双方约定要求隧道通风采用 1995 年 PARC 标准，桥梁结构计算采用美国的 AASHTO 设计规范，隧道照明用日本技术标准等。伊朗的桥梁隧道设计、施工是弱项，对这些专业的技术标准比较匮乏，如果当地没有相关的技术标准和规范参照的话，伊朗业主就同意采用国际标准，但是原则有一项，不低于伊朗自己的工程技术标准。

2003 年开始伊朗核问题持续升温，欧、日等国家迫于美国的压力逐步收缩和淡出伊朗市场，为中国公司进入和巩固伊朗工程承包市场提供了良机。改革开放近三十年来，中国设备制造能力、工艺技术和管理水平均取得了质的飞跃，中国产品和技术符合伊朗当前消费水平需要，中资企业在伊朗市场对其他外国公司的竞争力优势明显。从国内企业相互竞争情况看，由于我国驻伊朗使馆的积极介入和驻伊朗中资企业的充分配合，在国内主管部门的大力支持下，中国公司在伊朗工程承包市场保持着良好的竞争秩序，恶性低价竞标的情况鲜有发生。可依托隧道、桥梁等基础设施项目，开展与伊朗标准与工业研究学会（ISIRI）的合作，通过采标及共同制定标准，扩大我国工程建设标准的影响力。

（四）非洲国家

目前非洲的区域标准化组织包括非洲标准组织（African Organization for Standardization，ARSO）和南部非洲发展共同体标准化组织（SADC Cooperation in Standardization，SADCSTAN）。非洲经济基础较为薄弱，发展中国家众多，ARSO 作为包含 36 个成员国的非洲区域标准化组织，为减少贸易技术壁垒、促进非洲内部和国际贸易、加速非洲工业化等方面做出了许多努力。

非洲标准组织（African Organization for Standardization），原名非洲地区标准化组织（African Regional Organization for Standardization，ARSO），是由非洲统一组织（Organization of African Unity，OAU）和联合国非洲经济理事会（United Nations Economic Commission for Africa，UNECA）于 1977 年在加纳首都阿克拉宣布成立的非洲政府间标准机构。非洲标准组织（ARSO）成员国占非洲国家的 2/3，是非洲规模最大、最具影响力的区域标准化组织。

非洲标准组织的根本宗旨是发展标准制定、标准统一的工具，并通过贯彻执行这一体系提高非洲内部的贸易能力、增加非洲产品和服务在全球的竞争力、提高非洲用户福利。为实现这一愿景，非洲标准组织力图协调统一国家和区域的标准为非洲标准，并为此向成员机构提出必要的建议、发起并协调非洲标准的制定、鼓励并推动国际标准的采用、协调其成员在国际标准化组织（ISO）、国际电工委员会（IEC）、国际法定计量组织（OIML）和其他国际组织对于标准化活动的观点。

非洲标准组织（ARSO）总部最早设立于加纳，后受加纳国内政治动荡影响迁至肯尼亚，并由肯尼亚政府通过肯尼亚标准局（Kenya Bureau of Standards，KEBS）主持，1981 年肯尼亚政府与非洲标准组织（ARSO）签署了总部协议。

本届非洲标准组织（ARSO）理事会成员（2016 年～2019 年）分别来自津巴布韦（主席）、突尼斯（副主席）、布基纳法索（财务主管）、博茨瓦纳、喀麦隆、刚果民主共和国、加纳、肯尼亚、尼日利亚、卢旺达、南非、苏丹和坦桑尼亚。

非洲标准组织（ARSO）根据非洲标准协调模型（African Standardization Harmonization Model，ASHAM）将区域标准协调为非洲标准。为此，非洲标准组织（ARSO）制定了 ASHAM 协调程序手册（ASHAM Harmonization Procedure Manual，ASHAM-SHPM）并由非洲标准组织（ARSO）技术管理委员会（Technical Management Committee，TMC）负责协商区域标准的协调工作。

1. 埃及

1953 年 6 月 18 日，埃及废除君主制，成立阿拉伯埃及共和国。埃及共和国建立不久就积极参与国际贸易活动和标准、质量的基础建设。1957 年，成立了埃及标准化组织（EOS）。此后，EOS 不断发展壮大，拓展业务范围。EOS 依法制定和发布标准、从事各类质量控制活动、合格评定（测试与发证）、产品的测试和工业计量活动。1995 年 6 月 30日，埃及加入世贸组织，及时向 WTO 通报国内的标准与合格评定的发布情况。近年来，EOS 吸引外资加强本国标准化基础建设，积极参与区域和国际标准化活动，通过协调本国标准与国际标准，在提升埃及产品的质量、增强其国内和国际市场竞争力，推动埃及产品的国际贸易，保护埃及国家及消费者利益、保护环境方面发挥了巨大作用。

埃及标准与质量组织（EOS）隶属埃及贸易工业部，但有一半的管理自主权。EOS是埃及从事标准化、质量控制与计量的唯一官方主管部门。除 EOS 外，埃及的其他部门和机构也从事部分标准化活动。科技部下属的国家标准协会（National Institute of Standards，NIS），协助 EOS 制定埃及的基本标准，进行科学计量，还为埃及工业和政府实验室提供计量、校准、测试、实验室认可、咨询、培训服务和参考资料的服务。

目前，EOS 已成为 ISO 的发展中国家事务委员会、消费者政策委员会、合格评定委员会的成员、非洲区域标准化组织（ARSO）、阿拉伯工业发展和矿业组织（AIDMO）、欧洲标准化委员会（CEN）、食品法典委员会、国际计量技术联合会（IMEKO）、国际法制计量组织（OIML）、ASTM 国际标准组织、欧洲质量组织（EOQ）的成员。

EOS 是非洲区域标准化组织 8 个技术委员会的成员，欧洲标准化委员会的 4 个技术委员会成员，还担任阿拉伯工业发展组织 14 个技术委员会的技术秘书。EOS 参与 ISO 的302 个技术委员会的工作，是其中 152 个技术委员会的积极参与成员。

EOS 在标准、质量与国际接轨的活动中发挥了有效的作用。根据埃及 1996 年第 180 号和 2003 年第 180 号部长令的规定，在不存在本国强制性标准的情况下，可以选择以下国际标准和国外标准：ISO 标准、国际电工委员会（IEC）标准、欧洲（EN）标准、英国标准（BS）、德国标准（DIN）、法国标准（NF）、美国国家标准（ANSI）、日本工业标准（JIS）、食品法典委员会标准（CODEX）、ASTM 标准、日本汽车标准化组织（JASO）标准、汽车工程师协会（SAE）标准、美国石油协会标准（API）。

埃及标准又可分为：新标准、完全修改标准、部分修改标准、修订标准、废止标准、采纳国际标准、协调性国际标准。埃及的标准代号为 ES，标准编号采用 ES＋序号＋制定年号的方式如：ES501：2008，从序号上看不出国际采标情况，可在 EOS 网站购买标准。

自 2005 年来，埃及标准总量总体呈上升状态，尤其是强制性标准不断增加。截至 2017 年 3 月，标准共计 10556 项，其中强制性标准 986 项，占 9.3%，非强制性标准 9146 项，占 86.6%。

我国标准在埃及的应用认可主要通过具体项目实现，以开罗硫磺制酸项目为例，合同中明确规定了除土建外，优选中国标准，如果中国标准不能满足要求可以选用其他国际标准。由于材料采购的问题，业主不接受中国土建专业标准，钢结构标准可以接受。在安全、环保、消防和通讯方面，按照项目属地国的标准执行。

2. 南非

南非共和国位于非洲大陆最南端，有着极为丰富的自然资源，是非洲经济最发达的国家。南非地广人稀，其国土面积达 122.73 万平方公里，人口仅约 4660 万。南非有着较完整的工业体系，它的交通通信已达到发达国家的水平，其公路系统非常完善，仅次于美国和加拿大居世界第三位。南非的农业也比较发达，是世界上 6 个主要食品出口国之一。采矿业是南非的主要支柱产业，它与美国、苏联、加拿大等被列为世界五大矿产国。

南非标准法规规定 SABS 是国家标准的唯一指定和发布机构，其他政府部门如需要制定国家标准只能通过 SABS 来进行，并由 SABS 组织专家制定，相关政府部门、用户、企业和有关利益各方可派专家和技术人员参与标准制定活动，但商会、贸易机构和社团人员参与较少。

南非标准局（SABS）为隶属南非贸易和工业部（Department of Trade and Industry，缩写为 DTI）的政府标准化机构，由 7 人组成的理事会（Council）管理，其中理事会主席即 SABS 总裁（CEO）由国会任命，其余成员由 DTI 部长任命。SABS 的 CEO 向理事会负责，理事会向 DTI 部长负责。SABS 的机构包括非商业化和商业化两部分，约 1200 人。非商业化部分包括标准部和执法部，商业化部分包括认证和检测等活动。

SABS 标准部是 SABS 下面主管标准制定和发布的部门，近年更名为南非标准部（Standard South African，缩写 STANSA），以区别于其上级主管部门 SABS。STANSA 共有 150 人，其工作旨在为提高南非竞争力提供标准，同时为保护消费者利益、健康、安全和环境等提供根据。STANSA 设有 5 个负责相关领域标准制定的部门，分别是：化学和生物标准部、电工标准部、纺织技术标准部、机械和运输部、交通和土木工程标准部、系统标准部。此外，SABS还设有负责标准相关课题研究的研发部、负责与国际和区域标准化组织联系的标准联络部、负责标准语言、技术等当面的生产的标准制定技术支持部，以及负责发布和销售标准、提供标准咨询服务和承担 WTO 咨询点工作的信息服务部。STANSA 活动经费由政府拨款，只有很小一部分来源于标准销售。

目前南非国家只设 SABS 一个认证机构，认证和检测正在向私有化和市场化运作发展，但是新法案要求开放认证和检测市场。

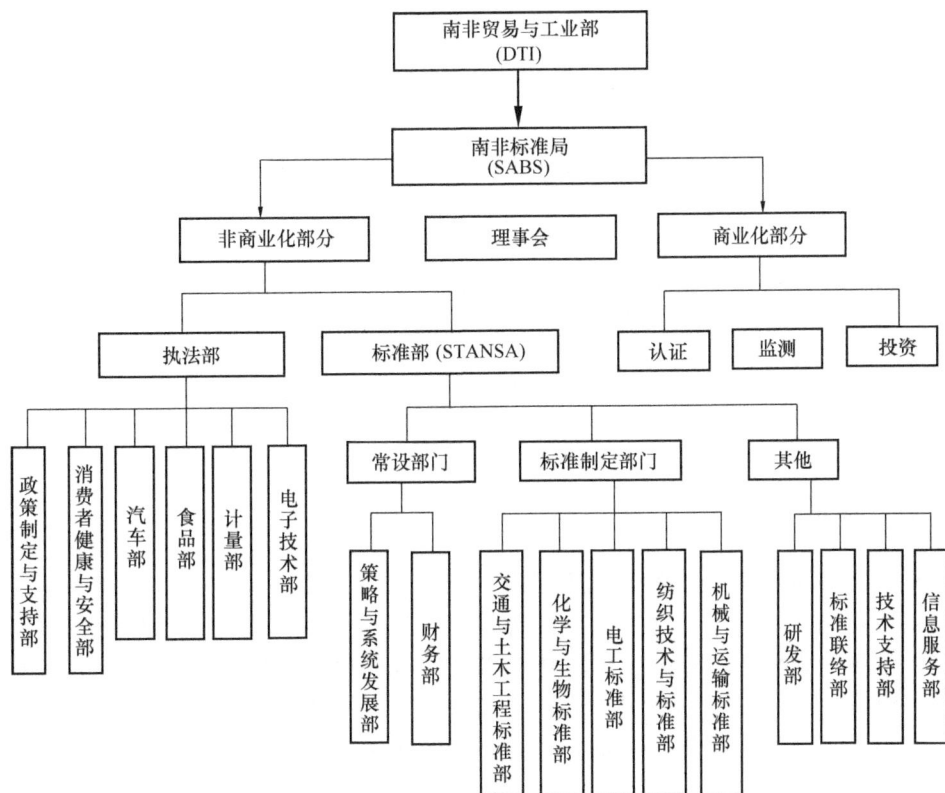

图 3-1　南非标准化机构图示

SABS 非常重视采用国际标准，即在制定每一项标准的时候，都要看是否有相应的 ISO/IEC 标准，如果有就尽量采用。在每年新制定的国家标准中，约有一半与 ISO/IEC 标准一致。目前南非与国际标准等同的仅为 20%～25%。

参与区域和国际标准化活动方面，南非处于非洲领先地位。南非不仅是 ISO 和 IEC 的创始国之一，还是南部非洲发展共同体标准化组织 SADCSTAN 的秘书长承担国，同时也是太平洋标准合作组织（PASC）成员和南美标准合作组织（COPANT）的联络成员。

在南非国家标准中，大部分为自愿采用的标准，也有少部分为强制性标准，其数量约为 70 个，均由 SABS 制定。SABS 将这些强制性标准称作"法定强制规范"（Legal Compulsory Specification），相当于 WTO/TBT 中的技术法规（Regulation）。除强制性标准外，南非还有另外两种形式的技术法规：法律法规引用的国家标准（300 多个）和其他政府部门制定的技术要求的法规。各政府部门制定的技术法规均统一由 SABS 向 WTO/TBT 通报。

南非国家标准局是南非国家标准的主要编制和发行机构，目前约有 6500 项标准，每年新发行约 500 项新标准（含修订、替代等）。广义的南非国家标准主要由三种主要类别构成，分别是：

SANS（原 SABS）：南非国家标准（South AfricanNational Standard）

ARP：推荐规程（Recommended Practice）

CKS：协调规范（Coordinating Specification）

近年来南非标准化发展引人瞩目，尤其是 2008 年发布了《南非共和国标准法》（简称《南非标准法》）和《强制性规范的国家规制机关法》的发布使其标准化工作朝着既符合市场化原则，又符合世界贸易组织（WTO）规则的方向发展。南非将继续坚定实施《2030 年国家发展计划》，包括加快工业化、增加发电能力、设立经济特区、开展重点基础设施项目，并积极筹划大英加水电站、南北交通走廊灯跨国基础设施建设，可在水利电力、道路桥梁等领域开展与南非标准局的标准化合作，提高我国工程建设标准的认可度。

（五）大洋洲国家

1. 澳大利亚

中国是澳大利亚第一大贸易伙伴、第一大出口市场、第一大进口来源地和第一大服务贸易出口市场。与英国、德国、美国等发达国家相比，澳大利亚标准化在整体上不算突出，但标准化工作的历史较久，具有丰富的标准化管理经验。1922 年澳大利亚标准协会（Standards Australia）成立，由此开始了由原来的政府机构转变为一个独立的非政府组织管理国家标准化的体制。经过近百年的发展，澳大利亚标准化形成了具有其鲜明特点的标准化管理体制和运行模式，在推动澳大利亚社会发展和经济增长方面发挥了重要作用。

《谅解备忘录》实际上是澳大利亚联邦政府各相关部门与澳大利亚标准协会之间的合作协议，所以规定联邦有关部门"将指定一名代表来管理澳大利亚联邦政府与澳大利亚标准协会之间的关系"。主要内容包括联邦政府对澳大利亚标准协会的认可、澳大利亚标准协会的承诺、澳大利亚联邦政府承诺和一般规定和联合承诺几个内容。谅解备忘录确认澳大利亚标准协会为澳大利亚国家标准最高制定和批准机构，并代表澳大利亚参加 ISO、IEC、PASC（太平洋地区标准大会）等国际和区域标准化组织的活动。

澳大利亚标准协会（SA）是被联邦政府认定的国家标准机构，它是一个非营利的非政府组织，通过与政府、行业和社区合作，协调标准化活动，促进澳大利亚标准化的发展。SA 于 1922 年成立后几经变革，于 1988 年更名为澳大利亚标准协会（SA），并与澳大利亚联邦政府签署谅解备忘录，成为澳大利亚最高标准制定机构。

2003 年 SA 将其所有的赢利事业剥离，成立 SAI Global 有限公司，提供信息服务、审计、认证等业务。澳大利亚标准已由 SA 注册为商标（Australian Standards®）。SA 与

SAI Global 签订了相关协议，SA 拥有澳大利亚标准的版权，SAI Global 负责澳大利亚标准的出版、发行、销售以及版权保护工作，销售标准的部分利润返回 SA 用于标准制修订。SA 负责标准的编审工作，而且是早期介入，SAI Global 只负责标准的出版、发行和销售，包括国际标准与其他国家标准。

澳大利亚的标准类型比较多，根据社会管理、经济运行和生产贸易，以及技术创新的需要，采取了多种灵活的标准形式。澳大利亚标准总体上分为两部分：第一部分主要是国家标准，以及"立法中的标准"；第二部分是"较低共识出版物（Lower Consensus Publications）"。"较低共识出版物"类型比较多，表现了澳大利亚根据实际需要而采取的灵活的标准化形式。""较低共识出版物"包括：过渡标准、技术规范、技术报告、手册、标准预警、经认证的参考材料。可以通过与 SA 合作共同制定"较低共识出版物"的方式逐步扩大我国工程建设标准在澳大利亚的影响力。

2. 巴布亚新几内亚

巴布亚新几内亚，是南太平洋西部的一个岛国，是大洋洲第二大国，英联邦成员国，是位于太平洋西南部的一个岛屿国家。巴布亚新几内亚矿藏丰富，铜储量 1200 万吨，黄金储量 1756 吨，铜金共生矿储量约 4 亿吨，产量分别列世界第 11 位和第 13 位。此外还有富金矿、铬、镍、铝矾土、海底天然气和石油等资源。巴布亚新几内亚属英联邦国家，以使用英标为主。

我国在巴新开展了一系列的工程总承包项目。可通过工程项目推广采用与国际接轨的中国标准，形成事实标准，使我国工程建设标准逐步被巴新所认可。

三、国际标准化

随着全球科技竞争日益加剧，标准化战略已成为国家利益在技术、产业、经济等领域中的体现，及实施技术和产业政策的重要手段。因此，发达国家都把国际标准化战略作为其标准化工作的重中之重，力图将本国的利益要求通过国际标准的形式表现出来，控制和争夺国际标准化制高点。长期以来，美国、日本等发达国家都把参与制定国际标准提升到战略竞争的高度，不断增加科技投入，努力将本国的企业、行业、国家标准上升为国际标准。因此，参与国际标准化工作是本国标准国际化的一个重要途径。我国工程建设领域也应早期介入，积极参与与工程建设密切相关的国际标准化工作，扩大中国工程建设标准在国际标准中的比重及影响力，从而提升我国工程建设标准的国际化程度。

（一）参与国际标准化活动的途径

1. 积极主导国际标准的制修订工作

国际标准的制修订工作是由各技术委员会（TC）及下属分技术委员会（SC）具体负责，ISO 有接近 300 个不同领域的技术委员会，分别负责本领域国际标准的制修订工作。

我国企事业单位可通过本领域技术委员会技术对口单位提出国际标准提案，争取成功立项，主导国际标准制定，以实现我方的诉求。

在建筑领域，中国建筑标准设计研究院通过与 ISO/TC59 建筑和木工程秘书处的长期合作，成功立项两项国际标准－《建筑模数协调》及《建筑弹性》标准，并担任技术委员会下属两个工作组的召集人，主导国际标准的制定，目前两项标准均已推进至 CD 阶段。同时，中国建筑标准设计研究院还组织我国专家参与了可持续建筑、BIM 等领域 4 项国际标准的制定工作

在有色金属领域，中国主导的方式编制了 3 项 ISO 国际标准。2017 年，中国争取获得 3 项联合主导国际标准，并组队参加在葡萄牙举行的 ISO/TC282/SC4 的第二次会议。会议成立"WG2 工业水分类"和"WG3 冷却水回用"两个工作组，中国主导的 3 项 ISO 标准《工业废水分类》、《工业水在冷却系统中的再利用—第 1 部分：以再生水为水源的工业冷却系统的设计》、《工业水在冷却系统中的再利用—第 2 部分：成本分析导则》在水回用技术委员会国际会议上形成决议，进入国际标准制定的 WD 阶段（工作小组草案阶段），2017 年底，这三项国际标准在西班牙国际会议上推进至 CD 阶段。中国还主导制定两项 SEMI I（国际半导体设备与材料协会）国际标准。《离子色谱法分析硅中氯元素的含量》SEMI PV74-0216 和《电感耦合等离子光谱法测量光伏多晶硅用工业硅粉中 B，P，Fe，Al，Ca 的含量》SEMI PV64-0715 两项国际标准由中国主导制定。

2. 通过与其他国家标准化组织合作，联合开展编制工作

发达国家标准化组织参与 ISO 国际标准化活动历史早，具有重大的话语权，与发达国家或区域标准化组织合作编制国际标准，更加容易获得各国代表的支持。在建筑领域，2016 年，加拿大标准协会 CSA 与中国工程建设标准化协会、中国建筑标准设计研究院有限公司共同签署了协议，意在促进在建筑材料及系统的产品分类规则及产品环境声明、建筑及企业碳管理、建筑信息模型（BIM）等项目的合作，其中包括共同推进国际标准工作。

在有色技术领域，为进一步深入参与国际标准工作，中国以联合主导的方式编制了 3 项 ISO 国际标准。2017 年，中国争取获得 3 项联合主导国际标准，并组队参加在葡萄牙举行的 ISO/TC282/SC4 的第二次会议。会议成立"WG2 工业水分类"和"WG3 冷却水回用"两个工作组，中国联合主导的 3 项 ISO 标准《工业废水分类》、《工业水在冷却系统中的再利用—第 1 部分：以再生水为水源的工业冷却系统的设计》、《工业水在冷却系统中的再利用—第 2 部分：成本分析导则》在水回用技术委员会国际会议上形成决议，进入国际标准制定的 WD 阶段（工作小组草案阶段），2017 年底，这三项国际标准西班牙国际会议上推进至 CD 阶段（委员会草案阶段）。

国际铁路联盟（UIC）成立于 1922 年，其职责是通过促进世界范围内的铁路运输发展和改进铁路建设和运营的条件，满足流动性和可持续发展的挑战，UIC 总部设在法国巴黎，是铁路运营商和基础设施管理者参与的国际组织，UIC 成员主要包括各国铁路运输主管政府机构、铁路运营单位、科研及学术机构等，一个国家或地区可以有多家单位分别加入，目前 UIC 已有 196 个成员（73 个活跃成员，60 个协作成员，63 个附属成员），中国铁路是 UIC 创始成员之一，国家铁路局和中国铁路总公司为其活跃成员，铁科院和

北京交通大学为其附属成员，UIC设有4个技术委员会：客运、货运、铁路系统、基础，UIC设有标准化平台作为UIC内的横向机构，负责标准制修订和标准化研究研讨相关工作，中国是铁路系统委员会（RSF）成员，也是标准化平台核心成员，具有投票权和话语权，UIC是较早开展铁路标准化工作的国际性组织，世界上许多国家在铁路基础建设和装备制造方面大量采用其标准，在铁路行业具有较大影响，近几年，UIC加强标准研究与制修订工作，通过与ISO和IEC合作拟将UIC标准推广为国际铁路标准，我国现行铁路标准中，有近50项标准采用或参考了UIC标准。

中国已成为UIC标准制定的重要力量，中国铁路作为UIC的活跃成员单位，积极参与UIC技术委员会和标准化平台的标准化活动，承担UIC亚太区副主席职位，承担UIC客运技术委员会高速与城际分委会副主席职位。

3. 积极参与国际标准的制修订工作

2016年以来，中国组织参编了4项ISO国际标准和2项SEMI国际标准。分别是《镍、镍铁、镍合金中碳含量的测定》（项目编号：ISO 7524，隶属ISO/TC155）、《镍、镍铁、镍合金中硫含量的测定》（项目编号：ISO 7526，隶属ISO/TC155）、《铜、铅、锌精矿中镉含量测定电感耦合等离子原子发射光谱法》（项目编号：ISO19976.2，隶属ISO/TC183）、《铜、铅、锌精矿中镉含量测定原子吸收光谱法》（项目编号：ISO19976.1，隶属ISO/TC183）、《Test Method For Determination Of Total Carbon Content In Silicon Powder By Infrared Absorption After Combustion In An Induction Furnace 硅粉中总碳含量测试方法》（标准编号：SEMI PV59－0115，已于2015年1月15日发布）和《Test method for the Chlorine in silicon by Ion Chromatography 硅中氯离子检测方法》（该标准已经进入最后审核阶段）。

4. 争取承担技术委员会秘书处、主席等职务，积极主办国际标准会议

技术委员会主席负责全面管理本委员会工作，包括其所有分委员会和工作组的工作。一般来说，主席应就本委员会的相关重要事宜，通过技术委员会秘书处向技术管理局/标准化管理局提出建议。主席在通过分委会秘书处收集各分委员会主席的报告，保证委员会各国代表达成一致意见。

秘书处作为ISO主要的技术工作机构，熟悉相对应的ISO和IEC技术领域的专业知识和国际标准化工作程序，负责主持召开国际会议、协调国际观点的能力。

在ISO的技术机构担任秘书处或主席等职务能更好地与各国代表进行沟通交流，有助于本国标准的国际化战略。以竹藤技术委员会为例，2016年4月26日，国际标准化组织竹藤技术委员会（ISO/TC296）宣告成立，该委员会的秘书处工作由设在我国的国际竹藤中心承担。此举是中国标准化事业的又一个重要突破。

在轨道交通领域，中国铁道科学研究院集团有限公司2015年在北京成功举办ISO/TC269第四届全体大会；承担ISO/TC269机车车辆分委会SC2副主席职位（主席为法国专家）；承担ISO/TC269基础设施分委会SC1联合秘书处（联合牵头方为法国）。

在轨道交通电气设备领域，中车株洲电力机车研究所有限公司作为国际电工委员会轨道交通电气设备与系统技术委员会（IEC/TC9）的国内技术对口单位，负责开展相关工

作。IEC/TC9 工作范围：负责轨道交通牵引电气设备与系统领域的国际标准化工作，涉及机车车辆、地面设备、轨道交通运行控制系统（含通信、信号和处理系统）、接口和环境条件、相关的电子技术和电气产品服务等。IEC/TC9 归口的国际标准涵盖了干线铁路和城市轨道交通（包括地铁、有轨电车、无轨电车和全自动运输系统）以及磁浮交通运输系统领域。中国在 IEC/TC9 中整体标准贡献率排名第 5 位。分别于 1998 年、2004 年、2010 年和 2016 年在中国成功举办了四次 IEC/TC9 全体大会；中国专家于 2012 年、2014 年、2015 年、2017 年 4 次获得 IEC1906 大奖，中国注册专家 124 人次，在 IEC/TC9 各国中排名第 1，积极参加 IEC/TC9 历年全体大会、主席顾问组会议，积极组织国内专家参与国际标准工作会议，承办国际标准工作会议。

在智慧城市领域，ISO/TC 268 的国内技术对口单位是中国标准化研究院，ISO/TC268/SC1 的国内技术对口单位是中国城市科学研究会智慧城市联合实验室。同时，中国专家还担任 ISO 37103 项目负责人、ISO 37104 项目联合负责人。并在多项标准的制定过程中提出了建议。ISO/TC 268 全会和工作组会召开前，国家标准化管理委员会将组织中国专家积极参与。国家标准化管理委员会（SAC）承办了 ISO/TC 268 在杭州举行的第五次全会及工作组会议，并将承办 ISO/TC268 第七次全会及工作组会议。

在有色金属领域，中国组织专家参加 ISO/TC298 首次在中国召开的 2016 年年会。该委员会主席国由中方担任，且首次年会在北京召开。中国充分利用便利条件，积极组织稀土金属、环境评价等方面的专家参加会议，与各方代表讨论讨论中方担任 ISO/TC298 稀土标准化技术委员会主席国后拟采取的行动计划。中国结合自身专业优势，组织起草了稀土环保领域 outline 提案，在 TC298 年会上发言并提出关于稀土环保国际标准的项目设想。

5. 积极关注国际标准化组织的最新发展动态，提炼新的国际标准提案

2015 年，中国组织了铜镍技术、铅锌技术、冶金工业炉窑、重有色冶金设备、收尘、脱硫、稀有稀土、多晶硅等 8 个专业开展了国际标准可行性研究工作，召开专题会，传达国家标准委有关政策，培训国际标准基本知识，布置可行性调研工作。各专业分别开展了检索、调研工作，并形成调研报告。

2017 年，ISO 建立了新的技术委员会：ISO/TC 314 Ageing societies 老龄化社会，世界人口正在老龄化，就像我们一样。随着我们进入"超高龄社会"时代，政府、社区和商业需要适应这一变化。为此，ISO 建立了新的技术委员会。2017 年，全球范围内 60 岁及以上的人口数量是 1980 年的两倍多，预计到 2050 前，会再翻一番，达到近 21 亿）。社会人口统计数据不断变化，为社会的方方面面包括医疗保健和地方公交系统带来了压力和挑战，同时也带了很多机遇。ISO/TC 314 技术委员会—老龄化社会最近成立，目标是为一系列领域制定标准、提供解决方案，以应对人口老龄化带来的挑战同时利用其带来的机遇。来自 ISO 的英国成员，BSI 的 Nele Zgavc 是 ISO/TC 314 的秘书，她表示老年痴呆、预防性护理、老龄化劳动力及技术和无障碍环境只是委员会建议制定标准的部分领域。"老龄化社会具有全球性影响"她说，"随着人口老龄化，为了全社会的利益，政府和服务供应商必须高效地迎合顾客的需要。为了提供高质量服务以及把控老龄化社会中的机遇，我们急需制定相应的标准。"ISO/TC 314 是 ISO 在这一领域广泛开展工作的成果，包括制定国际研讨会协议 IWA 18 老龄化社会中以社区为基础、综合终身的医疗保健服务框架标准，在此协议指导下建立了 ISO 关于老龄化社会战略顾问组（SAG）。鉴于认识到该领域范围宽广，SAG 的成立旨在确认需求、决定战略方向和未来该领域中的标准化范围。ISO/TC 314 目前由来自 30 个不同国家的专家组成，包括以前参与过战略顾问组事务和制定 IWA 18 的专家。

（二）国际标准制定流程

1. ISO/IEC 标准制定流程

国际标准制定是国际合作项目，它从提出到结束要经过很长的阶段程序。对此 ISO/IEC 导则第 1 部分技术工作程序（Directives ISO/IEC，Partie 1 Procedures for the technical work）作了详细的规范。下表按顺序列出 ISO/IEC 标准制定阶段及各阶段处理的文件及英文缩写：

ISO/IEC 标准制定各阶段表 表 3-1

项目阶段	处理的相关文件	
	名称	缩写
预研阶段	预研工作项目	PWI
提案阶段	新工作项目提案	NP
准备阶段	工作草案	WD
委员会阶段	委员会草案	CD
征询意见阶段	征询意见草案	ISO/DIS；IEC/CDV
批准阶段	最终国际标准草案	FDIS
出版阶段	国际标准	ISO、IEC 或 ISO/IEC

（1）预研阶段（Preliminary stage）

预研阶段的任务是将那些可能需要标准化但尚不完全成熟的预研工作项目（PWI）列入预研工作计划，列入预研工作计划并不等于一定会立项。要做的工作就是对其进行一些预研的研究工作，并制定出最初 PWI 草案。PWI 草案可以只是一个大致的轮廓，它是您所要制定的国际标准项目的最初原型。

预研工作项目要通过 ISO 对应的技术委员会的 P 成员的投票，简单多数通过即可，投票通过后 ISO 将其纳入工作计划中，标准制定工作进入预研阶段。进入预研阶段 2 年内，这个预研工作项目如果没有立项，就撤销了。所以如果某些领域，特别是新兴领域有新标准化工作要做，可与国内对应的技术委员会或地方标准化管理部门联系，获得同意和帮助，以便顺利地进入这个最初的阶段。

（2）提案阶段（Proposal stage）

在提案阶段就 PWI 向 ISO 阐述立项理由要求立项。向 ISO 提交相应的表格和 PWI 草案，ISO 对应的技术委员将提案分发给它的 P 成员国进行书面投票，投票结果如能同时满足：

1）简单多数票赞成；

2）在 ISO，最少要有 5 个 P 成员国（在 IEC 至少要有 25％的 P 成员国）同意积极参与您的标准制定（同时这些参与的成员国至少要具体指派 1 名专家）。提案通过后，标准被正式纳入工作计划。提案人，一般会被指定为项目负责人。通过后的标准在 ISO 相应的 CEO 办公室注册，标准进入准备阶段。

（3）准备阶段（Preparatory stage）

准备阶段的主要任务是依据 ISO/IEC 导则第 2 部分（Directives ISO/IEC，Partie 2 Rules for the structure and drafting of International Standards）要求准备标准工作草案（WD）。ISO/IEC 导则第 2 部分是一份规范如何起草国际标准的国际标准，起草国际标准从基本原则、框架结构到标点符号都要符合它的要求。

准备阶段其他工作还有：成立工作组（WG，如果没有的话）；参与国指派专家参加工作组；工作组（由项目组负责人）准备英、法两种文本的工作草案（一般只需英文文本的工作草案，法文文本的工作草案留到标准制定好后一次性完成）。

在工作组内不断地与其他专家讨论、修改完善工作草案 WD，工作草案版本也不断变化（如 WD1，WD2，WD3）。直到在工作组层面认为 WD 已准备好可以升级了，并在工作组内表决通过，将最后的工作草案 WD 作为委员会草案（CD）提交给对应技术委员会 CEO 办公室登记，准备阶段结束，标准进入委员会阶段。

（4）委员会阶段（Committee stage）

委员会阶段的主要任务是充分考虑各成员国对委员会草案稿（CD）的意见，并在委员会层面对标准的技术内容上进行协商一致，做到总体同意。总体同意的特点是利益相关的任何重要一方对重大问题不再坚持反对意见。在整个过程中力求考虑所有相关方的意见，并协调所有对立的争论，协调一致不意味一致同意。

工作程序：ISO 相应技术委员会秘书处将 CD 分发给各成员国征求意见，时间为 3 个月。3 个月后征求意见结束，工作组将收到各成员国的意见（comments），项目负责人可以对这些意见作出预处理，这些意见要在委员会层面进行讨论，决定是否采纳并对 CD 作出相应修改。

CD 要在这个阶段达成一致。如不一致修改后的 CD（CD2）要再次分发、再征集意见、再讨论修改直到达成一致，此时标准中所有重要的技术问题都得到解决。最后的 CD 作为国际标准草案（DIS，IEC 称 CDV）分发至所有国家成员国，并在相应的 CEO 办公室登记，委员会阶段结束。

（5）征询意见阶段（Enquiry stage）

在征询意见阶段所有国家成员国对 DIS/CDV 进行投票，同时尽力解决反对票中提出的问题。CEO 办公室在 4 周内将 DIS/CDV 文件及投票单分发给所有各国家成员国，进行为期 5 个月的投票。

各成员国提交表决意见，表示赞成、反对或弃权。赞成票可附编辑性，或少量技术性意见。反对票应附技术理由，可注明如果接受具体技术意见可将反对票改为赞成票，但不得投以接受意见为条件的赞成票。

通过条件：参加投票的 P 成员 2/3 以上赞成，反对票不多于总票的 1/4。投票结果符合通过条件：登记为最终国际标准草案（FDIS）；投票结果符合通过条件且无反对票：直接作为国际标准出版（IS）。

投票结果不符合通过条件的：修改 DIS/CDV，分发至国家成员国再投票询问；或修改后分发，在 CD 层面征询意见；或在下次会议上讨论 DIS/CDV，提出处理意见。

（6）批准阶段（Approval stage）

对于符合批准原则，但有反对票的最终国际标准草案 FDIS 进行投票。ISO 将 FDIS 文件分发给所有成员国进行为期 2 个月的投票，通过条件：赞成票多于 2/3，反对票少于 1/4 总票。

处理投票结果：通过的，成为国际标准进入出版阶段；未通过的，退回相应的技术委员会对反对票中技术理由重新考虑，相应的技术委员会可作出决定或修改草案再次提交投票，或作为技术规范出版，或取消项目。

在此阶段不再接受编辑或技术修改意见，反对票的技术理由提交相应的技术委员会，以便在此国际标准复审时作参考。

（7）出版阶段（Publication stage）

ISO 的出版部门会在 2 个月内，修改相应技术委员会秘书处指出的错误，印刷出版进入出版阶段的国际标准 IS。

（8）其他

国际标准从立项起直至出版七个阶段总时长不能超过五年，超过五年项目就会被撤销。以上七个阶段是就一般情况而言的，有些委员会会用些技巧，如把准备阶段的工作在立项前就尽量做好，多腾出些时间免得超时。但这些变通不能超出 ISO/IEC 导则的原则范围。ISO 有很多产品，标准这个产品是最完整的，它的制定过程有上述完整的七个阶段。而有些产品的制定过程只有其中的一部分，如技术规范、技术报告、指南和修正案等，所以它们的制定过程也只有这些过程的一部分。

2. ITU 标准制定流程

ITU 标准制定是通过投稿推进（contribution-driven）且以一致意见（consensus-based）为基础的独特标准制定流程。"投稿（contribution）"是成员提交研究组的意见，此意见可针对任何相关主题，但通常局限于就新的工作领域、建议书草案和现有建议书的修订提出建议。

研究组（SG）主要通过研究课题的形式开展工作。每个课题涉及电信标准化一特定领域的技术研究工作。每个研究组由世界电信标准化全会（WTSA）任命的一位主席和若干副主席领导。

为协助组织工作起见，研究组可分为若干个工作组，工作组是研究组的下属单位，负责协调有关—相关主题的若干研究课题，例如，第 16 研究组的媒体编码工作组负责处理所有（用于日常互联网呼叫、DVD 等的）语音编码、音频和视频流方面的相关研究课题。

一组专家就一特定课题开展工作，这个专家组称为报告起草组（rapporteur group）。报告起草人组会议由相关报告人主持。报告起草组的参与者根据课题案文并在研究组的指导下，确定需要哪些建议书，并在考虑到所有相关输入意见和咨询 ITU 其他相关方之后，起草这些建议书的案文。专家们通常在主管工作组或研究组开会期间召开会议，推进工作，但亦可在需要时在主管工作组或研究组不开会时举办非正式会议。

　　课题（Question）是 ITU 的基本项目单位。项目研究领域由课题案文确定，通常该案文需经研究组批准。确定新课题时需得到若干成员的承诺，表示对该工作的支持。课题涉及电信标准化一特定领域的技术研究，并由文稿推进。工作一旦完成，课题即终止，或根据（受技术、以市场导向的、网络或业务推动的）最新发展动态对任务进行修改。分配给每个研究组的课题案文均可在该研究组的网页上查到。

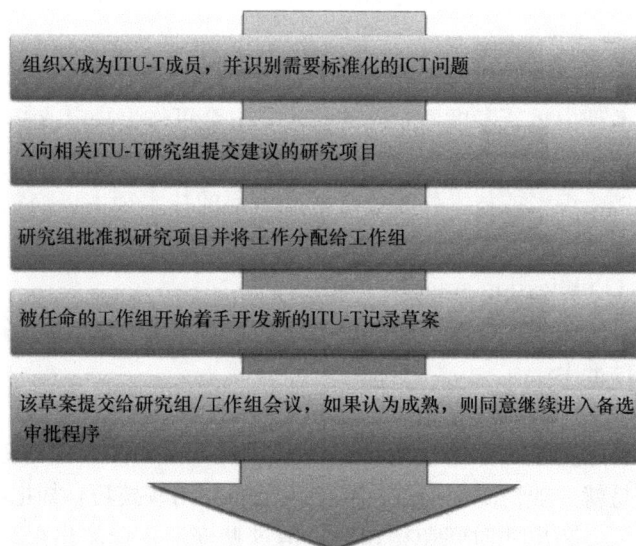

图 3-2

　　"备选批准程序（alternative approval procedure，AAP）"是一种快速批准程序，制定此程序是为了使标准可在业界目前要求的时限内将其付诸施行。这种简化批准程序的标准制定方式于 2001 年开始实行，预计将标准化进程这一关键环节的耗用时间减少 80％～90％。这意味着 20 世纪 90 年代中期需要四年左右（1997 年之前需要两年）才能批准公布的一般标准，现在可以在平均两个月或最短五周内获得批准。大部分标准均采用了这种批准方式。只有那些涉及监管问题的标准不在此列，它们采用"传统批准程序"（TAP）。除简化批准进程中的基础性程序以外，使用 AAP 的一个重要促进因素为电子方式的文件处理。一旦批准程序开始，其余进程可采用电子方式完成，在绝大多数情况下，无须再召开面对面会议。AAP 的引入在批准进程中为部门成员和成员国提供了批准技术标准的同等机遇，由此正式定型了公共私营部门之间的合作伙伴关系。一旦认为研究组（SG）专家起草的建议书草案案文已经成熟，则将其提交研究组或工作组（WP）会议审议。如果会议达成了一致，则建议书已获同意。这意味着研究组或工作组同意其案文已足够成熟，可以启动最终的审议进程，以批准该建议书草案。在获得"批准"之后，ITU 的秘书处，即电信标准化局（TSB）的主任将案文草案公布在 ITU 网站上，征求意见，以此宣布 AAP 程序的开始。这为所有成员审议该案文提供了机会。

　　该阶段称为"最后征求意见"，为期四周，在此期间成员国和部门成员可提交意见。

如果除编辑性修正之外没有收到任何意见，则该建议书视为获得批准，因为没有发现需要进一步开展工作的问题。但是，如果提出了意见，研究组主席与电信标准化局协商后开展一项由相关专家参与的消除意见进程。然后，修订后的案文会公布在网上，此额外审议期为期三周。

与"最后征求意见"阶段相似，在额外审议期，如果没有收到任何意见，则该建议书视为获得批准。如果收到了意见，那么显然仍存在一些需要开展更多工作的问题，则会把案文草案及所有意见转交下一次研究组会议进一步讨论并可能付诸批准。

在接收意见的"最后征求意见"阶段之后，如研究组主席认为没有足够的时间解决存在的问题并设定额外审议的期间，则建议书草案及未解决的问题可直接转交研究组下一次会议，供其解决问题并达成一致。

（三）参加国际标准化活动管理要求

《参加国际标准化组织（ISO）和国际电工委员会（IEC）国际标准化活动管理办法》已经于 2014 年 12 月 30 日国家质量监督检验检疫总局局务会议审议通过，2015 年 5 月 1 日实施。与流程相关的相关条文主要有以下几条：

第六条：国内技术对口单位具体承担 ISO 和 IEC 技术机构的国内技术对口工作。

第十条：国内技术对口单位的设立程序包括提出申请、资质审查、批复和成立。

第十六条：行业主管部门，各省、自治区、直辖市标准化行政主管部门，以及全国专业标准化技术委员会秘书处承担单位、企业、科研院所、检验检测认证机构、行业协会及高等院校等，均可向国务院标准化主管部门提出承担 ISO 和 IEC 技术机构负责人和秘书处的申请。国务院标准化主管部门对提出申请的人员和单位进行资质审查，统一向 ISO 和 IEC 提出申请。

第十九条：参加 ISO 和 IEC 技术活动的身份有积极成员和观察员两种。在与国家经济和社会发展关系重大的领域，能够保证履行积极成员义务，按照 ISO 和 IEC 工作要求出席国际会议（包括以通讯方式参加），及时处理国际标准草案投票等有关事宜的，应申请成为积极成员。不具备上述条件的，可申请为观察员。鼓励国内技术对口单位以积极成员身份参加国际标准化工作。

第二十条：参加 ISO 和 IEC 的技术机构的成员身份，由国内技术对口单位提出建议并报国务院标准化主管部门，由国务院标准化主管部门统一向 ISO 和 IEC 申报。

第二十二条：国内技术对口单位应在规定时间内，广泛征求国内各相关方意见，并提交国际标准文件的投票和评议意见。有行业主管部门的，投票和评议意见应同时抄送行业主管部门。行业主管部门对各相关方的不同意见，应组织协调并在规定时间内向国务院标准化主管部门报送投票和评论意见。

第二十三条：国内技术对口单位在处理 ISO 的委员会内部国际标准文件的投票时，经国务院标准化主管部门授权许可后，可直接登录 ISO 国际标准投票系统对外投票。

第二十四条：国内技术对口单位在处理 ISO 的国际标准草案、国际标准最终草案、复审等国际标准文件的投票时，应登录国务院标准化主管部门国际标准投票系统进行投票。国务院标准化主管部门对国内技术对口单位的投票和评论意见审核同意后，统一对外投票。

第二十五条：国内技术对口单位在处理 IEC 的国际标准文件的投票时，应登录国务院标准化主管部门国际标准投票系统进行投票。国务院标准化主管部门对国内技术对口单位的投票和评论意见审核同意后，统一对外投票。

第二十六条：国内技术对口单位在处理国际标准投票时，应使用 ISO 和 IEC 统一规定的评论意见表，评论意见报国务院标准化主管部门时应同时提供中英文。

参加国际标准的编制，标准起草国是规则制定者，处于主动地位、是有利方，未来修订时需要成员国投票表决并获得多数赞同票时才能进行。我国主导制定的国际标准相对较少，据有关资料表明仅占 1%左右，这与我国的国际地位不符，需要努力追赶、加快提高国际话语权。参加国际标准会议，我国代表团成员应提前进行充分的准备工作，以国家利益为重，利用一切机会，同其他成员国代表充分沟通，尽可能争取到其支持。

(四) 标准认证

1. 与有国际影响力的认证组织合作

(1) 具有国际影响力的认证组织

目前国际上主要的认证机构包括但不限于以下：

1) 瑞士通用公证行（SGS）

瑞士通用公证行（SGS）创建于 1878 年，服务能力覆盖农产、矿产、石化、工业、消费品、汽车、生命科学等多个行业的供应链上下游，是全球最大的检验、鉴定、测试和认证服务机构，在全球拥有 1000 多个分支机构和实验室，员工超过 50000 名。SGS 于 1991 年和中国标准技术开发公司成立合资公司——通标标准技术服务有限公司。

电磁兼容指令（EMC）实验室测试电动玩具、灯具、家电产品、广播接收机和相关设备、电动工具及电脑附件等产品的电磁干扰性及其抗干扰能力。

低电压指令（LVD）电器安全实验室则从安全方面对家用电器、电动工具、信息技术设备、影音产品、变压器、电源和电子玩具等进行测试。

2) 法国国际检验局（BV）

法国国际检验局成立于 1828 年，在全球设有 850 个办公室和实验室，员工超过 30000 人。BV 的主要的业务有 8 项工业、检验与在役检验、健康安全和环境、建筑、认证、消费品服务和政府服务以及国际贸易，可提供检验、测试、审核、认证、船舶入级，以及相关的技术支持、培训、咨询和外包。

BV 的消费品业务涵盖整个供应链的所有消费产品，包括纺织品及鞋类产品、玩具、电子电器产品、轻工产品、保健品、美容产品、日用产品及食品等。其对北美地区的玩具、杂货等产品测试与认证业务具有优势。

BV 集团在中国的业务始于 1882 年。在质量、健康、安全、环境和社会责任领域，BV 为各行各业的客户提供检验、认证、咨询、工程控制以及社会责任审核的专业服务，特别是在汽车、航空航天、清洁发展机制（CDM）、电子、食品等行业拥有较大优势。

3）天祥集团（Intertrk）

Intertrk 总部位于英国伦敦，在全球 110 多个国家拥有 900 多间实验室和办事处，员工超过 23000 人。

Intertrk 可以根据各类安全、质量和性能法规及标准帮助客户对其产品和货物进行评估，服务包括测试、认证、审核、安全、检验、质量保证、评估、分析、咨询、培训、外包、风险管理和安全保障等。

2008 年，Intertrk 根据市场需求将服务范围重组为七大业务部门，包括消费品、商用及电子电气、石油、化工及农产品、矿产品、分析服务、工业服务和政府服务。消费品部的业务范围涵盖纺织品、鞋类、玩具、杂货和其他消费品，可提供安全、质量、性能等法规和标准的测试和检验；商用及电子电气部的业务范围涵盖消费类电子产品、家用电器、工业暖通、空调、汽车、建筑产品、信息技术、医疗和电信等行业，为全球的制造商和零售商提供电子电气、以天然气和石油为能源的产品，以及建筑材料的测试、检验和认证等，其核心实力包括产品安全测试、性能测试、基准制定、电测兼容性（EMC）测试和体系认证等。达到标准的产品，将获得 Intertrk 颁发的证明标志，包括北美地区的 ETL 和 WH 标志，以及欧洲地区的 S、GS、ASTA、BEAB 以及 CE 标志。

4）莱茵 TUV 集团

莱茵 TUV 集团总部位于德国科隆，在全球 62 个国家设有 360 多家分支机构，员工超过 12000 人。在独立测试、检验及认证领域，莱茵 TUV 集团有 130 多年的历史。其认证能够同时提供质量体系认证及产品输欧检验（如 CE 标志），同时提供多种国际质量系列认证。

莱茵 TUV 中国集团为莱茵 TUV 集团成员，提供服务包括无线电及通信类产品认证的咨询服务；无线局域网、调制解调器等产品测试；根据 ETSI、美国 FCC 标准以及其他如澳大利亚、新加坡、日本等国标准进行无线电通信设备的测试；电测兼容测试；电气安全及健康防护测试；测试模拟及数字终端设备兼容性及质量等。

5）南德意志集团（TUV SUD）

TUV SUD 总部位于德国慕尼黑，在全球拥有 130 多个代表处，服务范围包括顾问、检查、测试、专家咨询及鉴定和培训。业务范围主要涵盖产品安全测试、管理体系、化学测试、工业服务、通信产品等。医疗器械是其优势领域，它是医疗器械认证领域唯一具有所有最高风险产品授权的欧盟公告机构。汽车认证方面以及相关产品的欧盟认证方面也是全球领先水平。

6）美国保险商试验室（UL）

UL（Underwriter Laboratories Inc.）是美国最有权威的，也是世界上从事安全试验和鉴定的较大的民间机构。从 19 世纪末开始，进行产品安全检测，制定产品安全标准。UL 全球有 62 家实验室、检测认证机构。目前，UL 在美国本土有五个实验室，总部设在芝加哥北部的 Northbrook 镇。2003 年 1 月 13 日 UL 在中国和中国权威的检验认证机构——中国检验认证（集团）有限公司，注册成立的全球第一家合资子公司成立 UL-CCIC，现总部设在上海，苏州和广州为公司的主要测试基地。

UL 列名服务的各种产品包括：家用电器，医疗设备、计算机、商业设备以及在建筑物中作用的各类电器产品，如配电系统、保险丝、电线、开关和其他电气构件等。经 UL 列名的产品，通常可以在每个产品上标上 UL 的列名标志。

认可服务是 UL 服务中的一个项目，其鉴定的产品只能在 UL 列名、分级或其他认可产品上作为元器件、原材料使用。认可产品在结构上并不完整，或者在用途上有一定的限制以保证达到预期的安全性能。分级服务仅对产品的特定危害进行评价，或对执行 UL 标准以外的其他标准（包括国际上认可的标准，如 IEC 和 ISO 标准等）的产品进行评价。

7）英国劳氏船级社

英国劳氏船级社（LR），是世界上成立最早的一个船级社，在世界各地设有 30 多家代表处，其机构庞大，历史较长，在世界船舶界享有盛名，是国际公认的船舶界权威认证机构，在军工、工程等方面也颇有名气。它主要从事有关船舶标准的制定与出版，进行船舶检验，船舶定级，公布造船规则，发放"100AI"或"B. S."标识等。它曾参与 ISO 9000 族标准的修改和认可条例的修改。

8）英国标准协会（BSI）

英国标准协会是全球质量服务机构之先驱，于 1901 年在英国伦敦注册成立，并与 1929 年获得特许为国家标准制订机构，是世界上第一个国家标准机构，国际标准组织的创立成员，世界上最大的管理体系认证机构，拥有享誉全球的 Kitemark 风筝标志。集标准研发、标准技术信息提供、产品测试、体系认证和商检服务五大互补性业务于一体的国际标准服务提供商，面向全球提供服务。集团的主要产品和服务有：提供管理体系及产品认证；提供产品测试服务；制定私营、国家及国际标准；提供培训及标准和国际贸易的信息等。

BSI 标准部的主要工作基本都用在欧洲标准和国际标准上。四大业务包括商务信息服务、管理体系认证服务、产品服务业务、验证检验服务。其中，产品服务业务主要提供产品测试服务，拥有 17 个在通信、安全、消费品、建筑和照明领域的产品测试实验室。通过测试，授予风筝商标或 CE 商标。

（2）与有国际影响力的认证组织的合作

1）与有国际影响力的认证组织合作的策划

由上述分析可见，具有国际影响力的认证组织不在少数，如何与这些认证组织合作，包括合作的目的、合作的对象、合作的内容等都是需要进行详细的策划。

首先是选择合作对象。选择合作对象要依据认证合作的总体战略和合作目的，结合我国认证机构的具体情况和合作现实需要，在对具有国际影响力的认证组织的优势领域、政策法规、认证标准等资源进行系统分析研究的基础上，做出合理选择。选择对象的依据应该是有利于提升我国标准认证能力，有利于提高国际影响力。

其次是确定合作方向。分析我国标准认证的现状，依据合作目的以及选择合作对象之前对国外认证组织资源的系统分析研究的基础上，确定合作方向以及合作重点。合作内容确定的依据应该是有利于学习国外认证组织的优秀经验，提升我国标准认证能力的薄弱环节。

第三是拓展合作渠道。鼓励认证机构与国外相关机构合作，支持其积极主动参与海外认证检测业务，自主开发国际业务；完善国内外认证机构与国内外相关标准化机构的协调合作机制。在与具有影响力的发达国家认证组织合作的同时，加强与其他发展中国家和周边国家的国际认证组织的合作。

2）与有国际影响力的认证组织合作的实施

① 拓展合作渠道

依托国际会议。以年度认证认可行业国际合作会议为依托，获取认证认可行业国际合作重要信息、收集认证认可行业国际合作需求、研究认证认可行业国际合作建议。充分利用认证认可部际联席会议，加强与相关部门在认证认可国际合作方面的沟通协调。

开拓国外市场。鼓励认证机构积极开拓国外市场，在海外设立分支机构或业务推广平台，开展符合国外市场准入要求的或国际市场需求的标准认证业务。尤其是配合国家"一带一路"倡议，推动沿线国家采信我国产品认证标准及结果。

吸纳国际组织入驻。有选择性地吸引国际认证组织入驻中国，在少数具备一定实力的领域，适时引进条件成熟的国际组织的地区办事处或项目办公室，在个别具备引领实力的领域，可以试点创办并按照国际化原则运行国际组织。

② 扩大合作范围

深入分析探索合作。合作对象的职能定位不同，合作范围和合作重点也存在差异。要坚持以优势互补、资源共享，互惠互利、共同发展为原则。坚持以吸纳资源、引进思想，培养人才、学习经验为目的。注重实效，深入合作，认真研究国际认证组织的准入制度、技术法规和认证标准，探索引入和协调机制和方式，借鉴优秀经验，扩大合作范围。

加强国际组织的整合与集成。国际认证组织因关注重点，工作机制等原因形成了多层次多脉络的关联与合作。在关注每个目标组织合作的同时还应关注该领域相关的国际组织群体，加强协调，促进其相互间的配合，整合多方力量，优势互补，积极开展交流与合作，多方位可持续开展合作。

建立认证与标准的相互协调。构建国际认证体系国内认证机构与国内相关标准化机构的协调机制。注重标准与认证的结合，积极跟踪国际认证机构最新动态、技术法规及认证标准的最新状况，研发认证新领域，推动国际合作，实现合作引领。将双方合作的品牌效叠加、放大。立足长远，扩大合作范围，建立长期的战略合作关系，从而实现合作共赢。

③ 提升合作质量

加强双方自我分析。首先认真分析我国标准认证的现状，其次对具有国际影响力的认证组织的优势领域、政策法规等资源进行系统分析，根据共同的目标和双方合作需求，研究、梳理合作方的技术法规、标准体系，精准发力，合作才能更加顺畅，合作质量才能得到有效保障。

定期召开国际协作会议。在合作过程中会不断遇到新问题，需要在法律、政策和技术方面进行及时的交流。而一个定期的机制可以更好地促进这种交流。在沟通交流中共同探讨新问题，寻找新方法，寻求新合作。

建立信息通报合作平台。加强国际合作信息化建设，完善多层次，多方式结合的信息通报机制。充分发挥双方资源优势，通过共同努力，把平台建设成为沟通和交流的平台、信息和知识共享的平台、能力建设和务实合作的平台。

发挥团队优势，培养具有复合能力的国际标准化技术和管理人才，包括熟悉国际组织运作的技术人才，日常管理人才。以重点国际认证组织为目标，将领域内的各类人才组成团队，发挥各自作用，同时聚集一批有志于从事与国际组织合作的青年后备力量。以团队机制统筹各方力量可持续发展。

2. 与目标国标准认证组织合作

（1）与目标国标准认证组织合作的策划

我国与重要贸易伙伴建立了认证认可领域长效合作机制和国际多边互认体系，逐步形成了与外国政府、国际组织、国外技术机构等交流与合作局面，但标准认证国际合作仍存在诸多问题，如标准与认证有效结合有待加强、如何实现有效引导、合作机制有待完善等，标准认证国际合作水平与实施认证认可国际化战略、打造认证认可强国的要求等仍存在一定差距。

要立足当前，着眼长远，加大力度，切实做好标准认证国际合作的策划工作。

首先是明确合作目的。扩大影响，提升地位；以外促内，持续发展。在认证认可关联的国际标准和互认体系运作国际认证组织中，从标准认证管理、认证技术规则和同行评审等三个层次全面规划和实施国际合作，争取积极参与国际认证组织活动，进一步扩大国际影响力。

其次是确立合作原则。坚持合作共赢，通过合作实现互惠互利；坚持开拓创新，秉持开放的态度，建设有利于国际合作的体制机制，促进国际合作的多元化和多样化；坚持统筹兼顾，以国际影响力大的组织为范例，带动引领其他国际标准认证组织，与有关国际和地区组织开展各种形式的对话、交流与合作。

第三是拓展合作渠道。充分利用自贸区的发展，全方位拓展政府层面合作关系；鼓励标准认证机构与国外相关机构合作，支持其积极主动参与海外标准认证相关业务，自主开发国际业务；利用认证认可国际多边互认体系平台，开展务实双边交流合作；完善国内外认证机构与国内外相关标准化机构的协调合作机制。

（2）与目标国标准认证组织合作实施的几点思考

以合作共赢为目标，以提升我国标准认证的国际影响力和竞争力为核心，从政策环境、标准化组织合作、国际互认、信息化和宣传、人才建设等方面着手，促进标准认证国际合作在多层次、多领域全面协调发展，进一步扩大我国标准认证的影响力。

1）建立开放友好的政策环境

① 全方位参加认证认可国际多边互认体系。积极推动互认体系的基础性研究工作。鼓励符合国际规则、技术能力突出的机构积极参加认证国际互认体系，检测能力突出的检测机构积极参加国际组织能力验证项目，支持其在某些领域先行按国际规则建立认证制度开展相关标准认证工作。然后以顶层制度设计为核心，研究标准认证国际组织的特征、优势领域、业务范围拓展等内容。

② 鼓励和支持开展标准认证"走出去"服务。大力开展国际和国外目标市场的准入制度、技术法规和认证标准的研究工作，探索引入和协调机制和方式，消除技术性贸易壁垒，鼓励和支持标准认证机构与国外相关机构合作，简化对此类相关业务的行政管理，推

动我国标准认证行业走向国际市场。尤其是配合国家"一带一路"倡议，推动沿线国家采信我国产品认证标准及结果。

2）建立国际标准化组织合作氛围

① 利用国际标准化平台推动国际标准认证发展。积极参与国际合格评定标准化活动，一方面将适合我国国情的先进国际合格评定标准及时转化为国家标准，另一方面以我国自主研发的合格评定国家标准为基础，引领国际标准的制定。在此基础上，引入和推动我国标准认证的发展。

② 加强与欧美及国际标准化组织的联系。如韩国的 KC 认证、日本的 PSE 认证、欧洲的 CE 认证，美国的 FCC 和 UL 认证、德国的 TUV 和 GS 认证、加拿大的 UL 认证等，基本上每个国家都有根据自身国情制定的认证标准。想要进入其市场的非本国内产品要求必须符合相关标准。积极主动与相关标准化组织进行联系，研究其相关的认证标准，找出切入点，推动其标准认证合作。

3）推进多渠道的国际互认方式

① 积极推动国外认可我国标准认证的结果。积极吸纳标准认证机构参与国际互认的研究、建立实施和评估。加大对国外有关技术法规的研究力度，探索我国标准认证结果获得认可的可能性和实现途径。

② 推动标准认证多边互认体系结果的广泛认可。重点推动我国标准认证机构颁发的认证证书、测试报告在目标市场获得认可。进一步利用多边互认体系实现与不同国家、不同区域、不同行业标准认证制度的互认，确保多边互认体系发挥效能。

4）提高标准认证国际合作信息化水平和宣传力度

① 积极开发标准认证机构国际合作信息资源，建立标准认证机构国际合作信息采集与发布机制。加大标准认证国际合作相关的政府信息公开力度，主动地、及时地向标准认证机构和全社会提供标准认证国际合作信息服务。

② 加强标准认证宣传工作，积极借鉴国外标准认证推广经验，建立中国标准认证行业推广模式和工作机制，鼓励和引导标准认证机构参与对外宣传及交流活动，提升中国标准认证行业的国际影响力。

5）加强标准认证国际合作人才队伍建设

加强人才队伍建设，遴选一批有能力、有志于从事国际标准认证业务、外语水平好的技术人才和管理人才，实行重点培养，以团队机制统筹各方力量可持续发展。通过人员交流、出国培训、日常外事活动参与等多种途径，建立复合型国际标准认证人才队伍。

3. 国外认证制度介绍

（1）国外认证制度现状

按照"一带一路"沿线，对东亚、西亚、南亚、中亚、东盟、东欧国家及独联体、区域外发达国家和地区进行调研分析，包括标准体系发展模式、技术法规制定主体、标准制定组织、标准协调组织、标准化组织、认证认可机构主体、认证类型、采信方式等。鉴于区域外发达国家和地区与其他地区由于经济状况不同导致的标准化级认证体制、模式的不同，采取分开记述的方式，具体见表 3-2、表 3-3。

表 3-2

区域外非发达国家认证制度现状

区域	国家	发展模式	技术法规制定	标准制定	标准协调组织	标准化组织	认证机构	认可机构	认证类型	强制性认证	自愿性认证	采信方式
东亚	韩国	政府为主导	政府及其所属机构	政府机构或授权机构为主	—	韩国技术标准局	政府为主或授权的认证机构	韩国技术标准局	强制性认证+自愿性认证	政府认证及政府采信的自愿性认证	KS, KSA, EK-Mark等	政府采信
	蒙古				蒙古国标准化计量局	蒙古国标准化计量局	政府为主的认证机构	—			MASM等	
西亚	沙特	政府为主导		政府机构或授权机构为主	沙特标准局	标准化组织SASO	政府为主或授权的认证机构	—			SASO, SALEEM等	
	阿联酋		政府及其所属机构	政府机构为主	—	政府授权阿联酋标准化与计量局	政府为主或授权的认证机构	—	强制性认证+自愿性认证	政府认证及被政府采信的自愿性认证	EQM, ECAS等	政府采信
	科威特					工业管理局	政府为主	—			KUCAS, PAI	
	卡塔尔					标准和计量组织	标准计量组织授权				COC等	
	土耳其					土耳其标准学会	政府为主	—			TSE等	
南亚	印度	政府为主导	政府及其所属机构	政府机构为主	—	印度标准局	政府授权标准局	政府授权标准局	强制性认证+自愿性认证	政府认证	BIS, STQC等	政府采信

续表

区域及国家	发展模式	技术法规制定	标准制定	标准协调组织	标准化组织	认证机构	认可机构	认证类型	强制性认证	自愿性认证	采信方式
中亚　哈萨克斯坦	政府为主导	政府及其所属机构	政府机构为主	协调委员会	技术调控及计量委员会	国家认证中心	国家认证认可委员会	强制性认证＋自愿性认证	政府认证及被政府采信的自愿性认证	海关联盟CU-TR认证、GOST-K等	政府采信
中亚　吉尔吉斯斯坦				标准化部	国家标准研究院	国家监督局	标准化部			海关联盟CU-TR或符合性声明	
中亚　乌兹别克斯坦	政府为主导	政府及其所属机构	政府机构为主	—	国家标准化、测量和认证署	国家标准化和计量认证管理局	—	强制性认证＋自愿性认证	自愿性认证	GOST-UZB等	
中亚　塔吉克斯坦				—	标准计量贸易及检验局	标准计量认证及贸易检验局	国家标准局			—	
东盟　新加坡	政府为主导	—	标准理事会	新加坡标准化、生产力与创新局	标准理事会	新加坡认证委员会、新加坡认可局	—	强制性认证＋自愿性认证	政府采信认证	PSB, IDA等	政府采信
东盟　马来西亚	政府为主导	政府及其所属机构	政府授权马来西亚标准部	—	马来西亚标准部	政府授权的认证机构	马来西亚标准部	强制性认证＋自愿性认证	政府采信的自愿性认证	FTTR, PC等	
中东欧国家　俄罗斯	政府为主导	政府及其所属机构	政府机构为主	俄罗斯联邦技术控制和计量署	俄罗斯联邦技术控制和计量署	政府为主或授权的认证机构	俄罗斯联邦技术控制和计量署	强制性认证＋自愿性认证	政府认证及被政府采信的自愿性认证	GOST-R/K、海关联盟CU-TR认证等	政府采信
中东欧国家　波兰	政府为主导	—	政府机构为主	—	波兰标准化委员会	政府为主或授权的认证机构	—	强制性认证＋自愿性认证	被政府采信的自愿性认证	CBJW, BBJ等	

区域外发达国家认证制度现状 表 3-3

	美国	日本	德国
发展模式	市场为主导	政府为主导	政府与市场协同模式
技术法规制定	地方政府委托民间组织	政府及其所属机构	欧盟法规转化为本国法规
标准制定	民间为主	政府机构为主	以民间为主
标准协调组织	美国国家标准学会（ANSI）美国标准技术研究院（NIST）	—	德国标准化学会（DIN）
标准化组织	美国试验与材料协会（ASTM）美国机械工程师协会（ASME）电气工业协会（EIA）电气和电子工程师研究院（IEEE）美国保险商实验室（UL）等	日本工业化标准调查会 JISC 日本农林水产省（MAFF）行业协会，如日本电气工业会 JEM、信息技术设备干扰自愿控制委员会 VCCI 等	欧盟标准化委员会（CEN）欧洲技术许可组织（EOTA）德国标准化学会（DIN）
认可机构	美国职业安全与健康管理局 OSHA 美国国家标准学会 ANSI 美国标准技术研究院（NIST）	日本适合性认证协会（JABCA）日本实验室国家认可体系（JNLA）日本校准服务认可体系（JCSS）	德国认可委 DAKKS
认证机构	政府和众多的民间认证机构	主要的认证机构由政府管控	基本为民间机构
认证类型	强制性认证＋自愿性认证	强制性认证＋自愿性认证	强制性认证＋自愿性认证
强制性认证	政府认证及被政府采信的自愿性认证	技术法规形式要求的认证 进口商品的符合性认证	CE 认证、Ü 标志认证
自愿性认证	UL、FDA，MSHA 等	JIS 标志、JAS 标志，SG 安全产品标志、SF 安全烟花标志、Q 优质标志等	GS，ENEC，VDE，TÜV，BG 等
采信方式	政府采信＋市场采信	政府采信	市场采信

（2）国外认证制度建立的模式

根据认证制度发展的主要推动力、市场和政府各自介入的程度以及管理主体的统一程度，大致可以将认证认可制度的发展模式分为市场推动的发展模式、政府主导的发展模式、政府与市场协同的发展模式三种。

市场推动的发展模式代表国家是美国，国家政府干预经济的程度低，市场化程度高。由于市场推动模式也存在明显的问题，目前市场推动模式也逐渐由分散走向集中，如美国的认证认可体系中，美国政府已经逐渐加强了对认证机构和认证活动的监管，政府在认证制度中的作用越来越突出。

政府主导的发展模式代表国家是日本，其主要特点是由政府为主导建立认证制度。政府在经济运行中扮演重要角色，以政府为主导，但是随着市场经济的不断发展和完善，在发展过程中政府对认证行业监督管理的方式从政府参与、政府主导逐步向政府授权、政府与行业组织合作等方式转变。

政府与市场协同的发展模式代表国家是欧洲各国，协同模式是前两种模式的混合形式。在发展初期主要是以市场为主要推动力逐步发展出认证制度，但随着认证制度的发展，政府开始以行政管理手段介入，制定相应的法律法规，以规范其良好有序发展。

各个发展模式的主要特点、优缺点、适合的经济体制简要分析具体见表3-4。

国外认证制度建立模式简要分析　　　　　　　　　　　　　　表3-4

发展模式	主要特点	代表国家	优点	缺点	适合的经济体制
市场推动的发展模式	市场需求为引导，由民间自发组织建立认证制度，之后政府再设立法规进行规范。	美国	自由程度高，能充分发挥市场经济的自我调节能力，激发经济活动的各参与方的主动性。	在监管与诚信机制尚不完善的市场中推行，由认证制度自由发展，很容易产生认证活动的无序散乱、认证结果的弄虚作假等现象。	适合市场经济程度比较高，诚信机制较为完善，政府行政管理比较分散的国家。
政府主导的发展模式	首先由政府领导建立或指定认证机构，以强制性法规的形式采信认证结果，鼓励支持认证活动的开展，引导市场认同认证制度；同时建立严格的监管制度，对认证活动进行监督，规范认证机构和获证企业的行为，实现认证制度的健康发展。	日本	通过政府的行政管理手段推动市场自我管理体制的发展，并约束和规范认证活动，避免了认证市场无序发展等弊端。	权威性多来自政府授权，随着政府授权业务的开展，认证工作才逐渐被市场认可和接受，很可能导致市场认可度受到影响。	适合市场经济体制尚不健全的国家。
政府与市场协同的发展模式	发展初期主要是以市场为主要推动力产生了认证制度，在认证制度的重要性逐渐显现的阶段，政府开始以行政管理手段介入并逐步加强政府的管控作用。	欧洲各国	市场催生出认证制度来约束企业的不合规行为。随着认证的发展，政府意识到其促进市场经济发展的重要性，开始制定相应的法律法规，以规范其更好地发挥应有的作用。	市场催生的认证制度可能存在无序散乱等现象，如果政府引导不及时或效率不高，可能导致认证市场混乱，影响认证结果和认证效力。	适合现代经济制度发展迅速导致认证制度自发产生但又需要及时引导的国家。

　　从美日欧盟的认证制度建立和发展的经验来看，其模式各有不同，但其建立原则完全相同，即完全根据其所处时代的特点以及国家经济与社会发展水平来选择认证制度的发展模式。因此，在选择认证制度的建立和发展模式不可生硬照搬，应该明确战略定位和发展方向，借鉴参考国际发达国家的经验，充分考虑自身的发展特点和实际情况，要在保证认证制度与市场健康持续的发展的基础上，加强多方面能力建设，缔造自有品牌，提升国际影响力。

第四章 标准国际化实施应用分析

目前，我国建筑行业整体发展趋势良好，尤其对外工程总承包业务上取得较好成绩，现阶段我国建筑企业在整体业务规模扩大的同时，大型对外承包工程项目数量持续增加，主要业务集中在铁路、公路、电力、房屋建筑、通信工程、金属矿山和冶炼（含钢铁和有色金属）等领域。从市场发展情况来看，传统的亚洲、非洲市场仍然是中国对外承包工程业务的主要市场，同时在亚洲和非洲传统市场业务保持稳步发展的同时，中国企业不断加大对新市场的开发力度，在欧洲、拉丁美洲、北美洲、大洋洲市场的业务均取得较大突破。

我国工程承包企业在国外承建工程已积累了一些实际经验，也在逐步将我国标准推向国际社会，但道路布满荆棘，对外工程承包工程业务的扩展并不顺利。究其原因，国内外标准规范体系的不同，习惯做法的不同，导致中国建筑企业在国际工程承包中，材料、设备、管理等诸多方面难以与国际标准体系接轨，出现因对标准体系规范理解不同而导致工期延误、罚款、甚至退出市场的情况，严重制约了中国承包商"走出去"的进程。

在全球化的过程中，机遇与风险并存，发达国家依靠技术创新优势占领发展中及欠发达国家市场，同时利用其强大的标准体系、质量认证、绿色标准、产品规格等措施建立贸易壁垒，限制发展中国家进入其国内市场。从目前国际标准规范体系来看，欧美规范尤其是英国和美国的规范牢牢占据建筑标准的制高点，虽然我国标准在很多方面尤其是建筑抗震、钢结构、消防设施等方面具有优势，但是，由于标准体系不匹配，导致我国规范在国际工程施工、推广中遇到了非常多的困难。另外，对资源项目来讲，环保和安全是制约立项和建设的主要障碍。按照国际标准规则讲，一方面，现有中国标准体制改革是必要推进的，另一方面，如何让国际认可中国现有标准体系，也需要我们研究重视。

一、国外项目标准国际化实施状况

本报告统计了中国电力建设集团有限公司、中国交通建设股份有限公司等十三家企业在国外项目中，使用中国标准、中国标准被认可的比例等数据。本报告的案例及分析是站在中国标准国际化战略的角度，从项目级、企业级两个层级分别提供的案例。（详细案例见附录：案例分析）

项目级是根据 EPC 行业特点和施工行业特点进行的。由于工业行业间的功能、性能差异较大，涉及的工艺专业标准范围大。因此以中国标准在 EPC 项目使用中的相关内容，从工艺设计策划、实施和验收等方面，以统计、结果和产生结果的原因细节进行描述。施工行业标准应用的描述具有通用性，从统计结果和产生的原因进行重点统计描述。[EPC：工程（Engineering）、采购（Procurement）、建设（Construction），是国际通用的工程总承包产业的总称。是指公司受业主委托，按照合同约定对工程建设项目的设计、采购、施工、试运行等实行全过程或若干阶段的承包。通常公司在总价合同条件下，对其所承包工程的质量、安全、费用和进度进行负责。]

企业级主要从企业高层策划、人才培养、推动标准互认、参与国际标准制定、配合中国标准改革等方面综合考虑实施策略，以及在具体实施措施方面进行了相关内容的讨论。

（一）EPC项目案例分析

EPC项目案例体现出项目工程设计、采购、施工和验收不同阶段的标准影响结果。重点从以下几个方面体现：

（1）项目属地国情况简介。

（2）与标准使用相关的工艺流程和相关情况描述。

（3）本项目使用的标准规范规程情况及过程简单描述。

（4）标准在项目使用中的原则规定：合同是否规定标准的使用要求；若合同未做细节规定，依据成本控制原则，项目是否优先使用中国标准；国外设备和装置引进项目时，以制造国标准为准，是否考虑使用相应的中国验收标准；与国外先进主体设备配套的中国设备制造标准，在配套过程中，是否考虑了验收、报批、运行的便捷，以及备品备件的国际化；中国土建专业标准是否得到项目属地国的认可；在安全、环保、消防和通讯方面，是否优先考虑项目属地国的标准或认可的国际标准。

（5）项目标准使用对项目实施的成本影响：含合同签订、技术标准和相关标准、管理等。

（二）施工企业统计分析

（1）范围：土建、电气、装饰、材料、设备和工程设计。

（2）采用国外标准情况统计。

（3）不采用中国标准的原因分析：

1）外方不了解中国标准：最新的基础性标准外文翻译不及时；已有外文版本质量不高，国外合作方难以理解；外方工作人员接受西方教育的比例较高；缺少统一出版发布的英文版本；

2）中国标准缺乏国际竞争力：中国标准的编制思路、模式、语言等在国际上不通用；中国标准部分技术指标落后；中国标准与国外风俗、习惯、文化、气候对接不上；

3）发达国家标准已经具备强大国家影响力：发达国家标准具有先发优势；发达国家通过技术合作，属地国国家对发达国家标准产生了依赖；发达国家的认证证书国际认可度高；

4）咨询方的阻挠；

5）当地的法规和制度限制，主要体现在环保和安全方面。

（4）项目使用中国标准的统计。

（5）中国标准在项目上使用比例统计。

（6）标准影响引起的成本分析统计。

（三）综合分析

案例统计了中国电力建设集团有限公司、中国交通建设股份有限公司等十三家企业在海外业务中，使用中国标准、中国标准被认可的比例等数据。

部分企业海外业务在东南亚国家使用标准情况统计　　　　　表 4-1

东盟	项目数量	使用中国标准数量	使用中国标准比例	中国政府投资数量	中国政府投资比例	使用哪国标准最多	数量	比例
菲律宾	12	2	16.7%	3	25.0%	美国	4	33.3%
马来西亚	15	3	20.0%	3	20.0%	英国	9	60.0%
印尼	26	15	57.7%	4	15.4%	中国	15	57.7%
缅甸	19	13	68.4%	3	15.8%	中国	13	68.4%
柬埔寨	32	28	87.5%	11	34.4%	中国	28	87.5%
泰国	3	0	0.0%	0	0.0%	美国	2	66.7%
越南	3	1	33.3%	1	33.3%	\	\	\
文莱	1	0	0.0%	0	0.0%	\	\	\
老挝	17	14	82.4%	9	52.9%	中国	14	82.4%
新加坡	3	0	0.0%	0	0.0%	英国	3	100.0%

部分企业海外业务在非洲国家使用标准情况统计　　　　　表 4-2

非洲	项目数量	使用中国标准数量	使用中国标准比例	中国政府投资数量	中国政府投资比例	使用哪国标准最多	数量	比例
苏丹	2	0	0.0%	0	0.0%	英国	2	100.0%
赞比亚	2	0	0.0%	0	0.0%	英国	2	100.0%
坦桑尼亚	8	1	12.5%	1	12.5%	当地	6	75.0%
亚美尼亚	1	1	100.0%	0	0.0%	中国	1	100.0%
刚果	23	1	4.3%	4	17.4%	法国	23	100.0%
埃及	2	0	0.0%	1	50.0%	当地	1	50.0%
利比里亚	1	1	100.0%	0	0.0%	中国	1	100.0%
加纳	1	1	100.0%	0	0.0%	中国	1	100.0%
塞内加尔	3	1	33.3%	2	66.7%	法国	2	66.7%
南非	1	\	\	1	100.0%	/	\	\
多哥	6	4	66.7%	4	66.7%	中国	4	66.7%
安哥拉	47	1	2.1%	6	12.8%	当地	45	95.7%
赤道几内亚	12	12	100.0%	11	91.7%	中国	12	100.0%
肯尼亚	6	4	66.7%	6	100.0%	中国	4	66.7%

续表

非洲	项目数量	使用中国标准数量	使用中国标准比例	中国政府投资数量	中国政府投资比例	使用哪国标准最多	数量	比例
毛里塔尼亚	11	5	45.5%	3	27.3%	法国	5	45.5%
马里	1	1	100.0%	1	100.0%	中国	1	100.0%
加蓬	2	0	0.0%	2	100.0%	法国	2	100.0%
莫桑比克	4	2	50.0%	2	50.0%	当地	2	50.0%
马达加斯加	3	1	33.3%	1	33.3%	法国	2	66.7%
卢旺达	4	2	50.0%	2	50.0%	美国	2	50.0%
马拉维	1	1	100.0%	1	100.0%	中国	1	100.0%
科特迪瓦	2	0	0.0%	2	100.0%	法国	2	100.0%
吉布提	3	3	100.0%	1	33.3%	中国	3	100.0%
埃塞俄比亚	2	2	100.0%	2	100.0%	中国	2	100.0%

部分企业海外业务在亚洲国家使用标准情况统计　　　　　　表4-3

亚洲	项目数量	使用中国标准数量	使用中国标准比例	中国政府投资数量	中国政府投资比例	使用哪国标准最多	数量	比例
蒙古	2	1	50.0%	1	50.0%	当地	1	50.0%
斯里兰卡	7	1	14.3%	5	71.4%	美国	4	57.1%
印度	9	5	55.6%	2	22.2%	中国	5	55.6%
阿联酋	5	0	0.0%	0	0.0%	欧洲	4	80.0%
阿塞拜疆	1	1	100.0%	1	100.0%	中国	1	100.0%
乌兹别克斯坦	1	1	100.0%	0	0.0%	中国	2	200.0%
吉尔吉斯斯坦	24	1	4.2%	10	41.7%	\	\	\
塔吉克斯坦	21	13	61.9%	10	47.6%	中国	13	61.9%
阿富汗	1	1	100.0%	0	0.0%	中国	1	100.0%
伊朗	7	0	0.0%	4	57.1%	欧洲	4	57.1%
以色列	7	0	0.0%	0	0.0%	欧洲	6	85.7%
卡塔尔	3	0	0.0%	0	0.0%	欧洲	3	100.0%
科威特	4	0	0.0%	0	0.0%	当地	4	100.0%
伊拉克	5	4	80.0%	0	0.0%	中国	4	80.0%
哈萨克斯坦	3	3	100.0%	1	33.3%	中国	2	66.7%
沙特阿拉伯	11	0	0.0%	0	0.0%	欧洲	6	54.5%
马尔代夫	8	5	62.5%	2	25.0%	中国	5	62.5%
孟加拉	13	5	38.5%	5	38.5%	美国	4	30.8%
巴基斯坦	30	13	43.3%	11	36.7%	中国	12	40.0%
尼泊尔	4	3	75.0%	3	75.0%	中国	3	75.0%

部分企业海外业务在其他国家使用标准情况统计　　　　表 4-4

其他洲	项目数量	使用中国标准数量	使用中国标准比例	中国政府投资数量	中国政府投资比例	使用哪国标准最多	数量	比例
俄罗斯	2	0	0.0%	0	0.0%	当地	2	100.0%
斯洛文尼亚	1	0	0.0%	0	0.0%	欧洲	1	100.0%
罗马尼亚	4	4	100.0%	0	0.0%	中国	4	100.0%
塞尔维亚	4	0	0.0%	2	50.0%	欧洲	3	75.0%
白俄罗斯	4	0	0.0%	2	50.0%	欧洲	2	50.0%
黑山	2	0	0.0%	1	50.0%	欧洲	2	100.0%
澳大利亚	1	0	0.0%	1	100.0%	当地	1	100.0%
墨西哥	1	0	0.0%	0	0.0%	当地	1	100.0%
汤加	1	1	100.0%	1	100.0%	中国	1	100.0%

　　调研样本共 475 个海外项目，使用中国标准的共 182 个，占比 38%。非洲国家 44 个项目使用中国标准，东盟国家 76 个项目使用中国标准，亚洲国家 57 个项目使用中国标准，其他洲 5 个项目使用中国标准。

　　从使用中国标准的比例看，赤道几内亚、埃塞俄比亚、吉布提等非洲国家的项目 100% 使用中国标准，哈萨克斯坦、阿富汗、乌兹别克斯坦、阿塞拜疆等亚洲国家的项目 100% 使用中国标准，柬埔寨、老挝、尼泊尔等东南亚国家的项目 70% 以上使用中国标准，缅甸、肯尼亚、马尔代夫、塔吉克斯坦等国家的海外项目 60% 以上使用中国标准，印尼、印度、莫桑比克、卢旺达等国家的项目 50% 以上使用中国标准。

　　以色列、卡塔尔、科威特、沙特阿拉伯、俄罗斯、塞尔维亚、白俄罗斯、阿联酋等国家基本不适用中国标准。

　　通过不完全统计及分析，大致了解了目前海外工程在标准应用方面的基本现状：

　　应用欧美标准在一带一路沿线国家目前仍是主流，应用中国标准的项目占调研样本中海外项目的 38%，其中国经济援助和银行贷款项目基本采用中国标准。

　　从区域看，西亚中东地区欧美标准应用占主流地位，中东国家目前执行标准主要是欧美标准，及本国水电局和消防局的部分标准。部分国家结合本国特殊地理和气候条件，在原本就长期存在的欧美标准基础上进行了有针对性的调整，形成了具有本国特色的工程建设规范。

　　南亚地区主要为英国原殖民地，独立后长期依附在英联邦，各个方面，尤其是工程设计领域受英国影响较大，普遍使用英标，当地建筑、供电、给排水、消防等部门均长期采用英标标准，对英标以外的标准非常不熟悉。有些项目合同要求所有的设计应遵循最新的 BS 标准，经在施工过程中反复争取，业主同意部分接受和其标准相当的中国标准。

　　中亚地区，初期主要是原苏联的标准法规被原封不动地挪用过来，而从 1992 年后，独联体国家标准计量认证委员会所制定的独联体标准也成为哈萨克斯坦国家标准的重要来源。我国目前在中亚五国的工程建设并不多。在中亚的项目大多数是援建项目,采用我国标准。但是非援建项目,都是采用的俄罗斯标准。目前我国在东亚五国实施的工程项目中,100%采用俄罗斯标准,且俄罗斯标准与欧盟标准越走越近,很多结构,电气要求超过我国标准要求。

东南亚,即主要东盟成员国,东南亚国家工程建设标准体系一直不够完善,多使用英国标准、美国标准;根据上述数据统计,该地区应用中国标准较其他地区应用率高。主要是随着近些年来我国参与建设的工程逐步增多,施工过程中在英标和美标不能完全覆盖施工的情况下,中国标准能够起到补充完善的作用,也有一些中国标准逐步应用到现有工程项目,但并不是主流的做法。

其他地区例如非洲,中国标准应用较高,50%的高铁、地铁等基础设施项目采用过中国标准,主要原是这些国家中多为和我国具有良好的外交经济合作关系并且自身经济落后制度不健全的国家。

二、国外项目标准国际化实施现状

(一) 材料成本、工期对标准应用的影响

案例统计数据看出,海外项目采用国外标准,项目总成本由于材料成本、设备安装、工程设计、认证、工期、人工和财务等成本增加,而导致项目总成本增加。其中,材料成本、设备安装和工程设计三项增加较明显。

成本变化统计见表 4-5。

使用非中国标准影响较大的三个方面　　　　　　　　　　表 4-5

单位	影响较大的三个方面及其百分比		
山东德建	施工难度,30%	材料,40%	工期,30%
青建国际	材料,6%	设备,5%	设计,6%
北京城建	材料,25%~30%	加工,35%~40%	认证,30%~35%
中国路桥	设备,30%	人工,30%	工期,40%
北京建工	材料,12%	技术,10%	设备,8%
湖南路桥	材料,20%	设备,20%	—
中国建筑	材料,10%~75%	设备,20%~100%	设计,30%~60%
葛洲坝国际公司	材料,10%	人工,5%	设计,5%
中技公司	材料,30%	设备,40%	认证,20%
中国交建	材料,20%	设备,30%	工期,30%

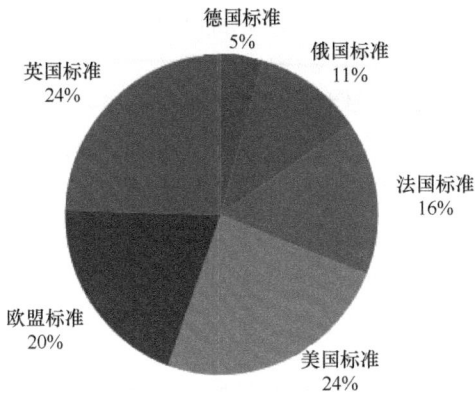

图 4-1　我国承建国外项目
采用国外标准情况

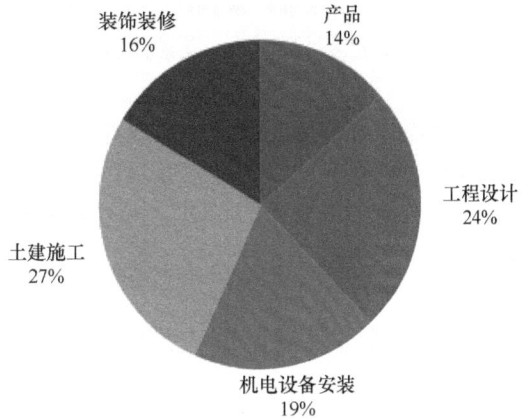

图 4-2　我国承建国外项目中国标准
主要应用领域情况

我国承建国外项目中国标准主要应用于土建施工、工程设计、机电设备安装、装饰装修以及产品标准。

我国承建国外项目不采用中国标准的主要原因有：外方不熟悉中国标准；甲方不采用中国标准；咨询方不同意；当地管理制度法规限制等。

(二) 投资方式对标准应用的影响

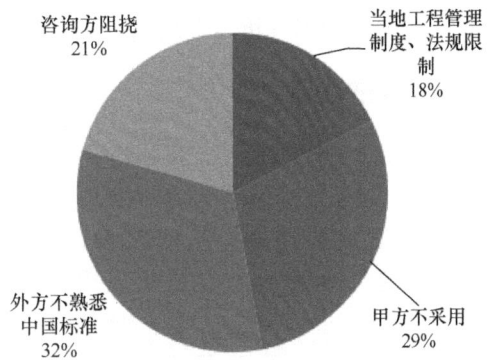

图 4-3　我国承建国外项目不采用中国标准的
主要原因

1. 中国经援或投资项目

如果是中国经济援助项目或者是中国投资项目，使用的一般为中国标准。但是如果是商业投资项目，尤其是属地企业投资项目，采用的标准一般为国际标准，属地国另有规定的按其规定执行。援柬埔寨体育场、援老挝国家会议中心、亚吉铁路、亚迪斯亚贝巴城市轻轨、援非盟会议中心等大型中国援建项目完全采用中国标准，使领馆项目因涉及国家和政府机密，整个项目建造均采用国内人员设计和施工。

2. 国际总承包商业项目

国际总承包项目中，EPC 项目如老挝 1510－Y2 项目设计方中国设计院，采用的是中国标准设计，属地国若有当地标准则按照其标准审核设计结果。有些商业项目设计方为属地设计院设计，采用的设计和施工标准为属地国标准，埃塞俄比亚 NOC 石油大厦项目、埃塞俄比亚国家体育场项目，我方则按照当地设计标准执行，由国内设计公司进行深化设计后实施。有些项目所在国无当地标准，一般参考美标、欧标、中国标准执行，此部分项目的实施按照当地要求执行。

对于EPC项目推行谈判阶段采用主要依据国际和属地国当地标准，推动业主接受或不排除中国标准签订合同，设计阶段采取中国设计人员设计，业主方可以聘请第三方按照国际标准审核的方式进行审核。

另外在审图和施工阶段积极向业主推荐中国标准，按照中国标准验收。在设备产品方面，积极推荐中国机电产品，并且引导业主使用中国产品。施工过程中，可以参照国际标准进行验收和质量整改，积极寻找国际标准和中国标准的一致性，或者采用较高标准进行施工，已取得业主满意的优质工程。

（三）各业务阶段对标准应用的影响

全球基础设施建设需求旺盛，这为工程建设标准化创造了难得的发展机遇，同时也带来了挑战。机遇来自于旺盛的市场需求，因为工程建设离不开标准。挑战则来自于我国现行标准体制、标准体系和标准水平难以适应市场国际化要求。我国标准的国际化程度不高，尚未建立一个便于交流、理解和认可的国际化平台，因而在国际竞争中处于弱势地位。从业务分类来分析，呈现出以下主要特点：

1. 市场开发阶段

目前市场开发有两个问题需要关注。首先在企业战略层面就要评估标准在市场的话语权，也就是标准的占有比例和实质的内容对成本的控制。发达国家每年都会从战略层面做这件事，从而在确定市场开发策略，以及技术再创新后标准编制策略。企业建立标准体系是持续发展需要投入的地方，品牌内容一定有标准元素。其次是在市场开发实施时，合同评估要把标准这个要素考虑进去，因为直接关系到成本和质量。标准的定义是经验的总结和安全环保行为的规范。约定标准化的服务产品，就是提供了高效、高质量、低成本的产品，从而也就规避了建设期和验收期的风险。

我国企业参与海外项目主要分作两大类：第一类是国家对外的援建项目，援建项目基本上都是采用中国标准。对于像非洲、南美洲等不太发达地区因为当地没有建材，也没有自己的施工力量，所以这样的项目从施工总包到材料供应，采购等都是从中国进口的，或者是在周边国家采购。第二类就是真正的国际化项目，例如EPC项目，这些项目是市场竞争，中国的企业作为工程总承包或者设计分包，由当地出资。一般这样的项目要求一定要采用指定的标准体系，例如英国标准、美国标准等。

对于EPC项目推行谈判阶段主要依据国际和属地国当地标准，推动业主接受中国标准签订合同，设计阶段采取中国设计人员设计，业主方可以聘请第三方按照国际标准审核的方式进行审核。

2. 勘察设计阶段

一带一路沿线国家对外承包工程一般勘测设计由EPC、EPCF和PPP进行，一般提供中英（或中法、中葡等版本）成果资料，针对中国设计院提供的勘测资料的一般以中国标准为主，但是提供业主的外文成果在项目所属国审查备案过程中，需要回复审查公司对标准化差异的疑问。若业主公司对中国标准认可，如交钥匙工程，可全部采用中国标准。但是个别国家对勘测的地方保护，对中国标准不认可，需要当地政府指定的勘测公司进行当地所执行的标准进行转化，该费用极高。中资企业自主投资项目和援建项目，基本采用中国标准进行。对外承包项目是通过政府间援助项目来实现，市场接受程度不高。市场多集中在经济发展相对落后的国家和地区，市场覆盖面不广。

3. 施工运维阶段

如果是中国经济援助项目或者是中国投资项目，使用的一般为中国标准。但是如果是商业投资项目，尤其是属地企业投资项目，采用的标准一般为国际标准，属地国另有规定的按其规定执行。

国际总承包项目中，EPC 项目如采用的是中国标准设计，属地国若有当地标准则按照其标准审核设计结果。（有些商业项目设计方为属地设计院设计，采用的设计和施工标准为属地国标准，如埃塞 NOC 石油大厦项目、埃塞国家体育场项目，我方则按照当地设计标准执行，由国内设计公司进行深化设计后实施。有些项目所在国无当地标准，一般参考美标、欧标、中国标准执行，此部分项目的实施按照当地要求执行。）

在审图和施工阶段积极向业主推荐中国标准，按照中国标准验收。施工过程中参照国际标准进行验收和质量整改，积极寻找国际标准和中国标准的一致性，或者采用较高标准进行施工。

实施工程建设标准国际化对中国建筑业开拓海外市场是迫在眉睫的任务。技术标准的国际化可以从两个方向来进行开拓，一是要分析国内标准规范体系与国际标准体系的差异，加快理解和使用国外通行的规范标准；二是要实施在中东、南美洲、非洲等发展中或欠发达国家和地区重点推广中国标准规范的战略，占领一席之地，推动中国企业对外承包走得更好更远。

（四）标准国际化实施存在的问题与分析

在国外市场上，中国的工程建设队伍正努力抓住机遇，大力拓展国际市场，在与国外工程公司的合作与竞争中不断壮大，迅速提高了工程技术实力，并逐步成为国际工程建设市场的重要力量。然而，我们在国际工程项目中所处地位相对较低，难以拿到真正意义的EPC项目，总是处在项目建设利益链的较低层，承担着较大的技术和效益风险。究其原因，除了激烈的国际竞争外，根本原因是我们在技术和标准上还无法掌握话语权。标准是技术的载体，二者往往是统一的。

从目前国际标准规范体系来看，欧美规范尤其是英国和美国的规范牢牢占据建筑标准的制高点，虽然我国标准在很多方面尤其是建筑抗震、钢结构、消防设施等方面具有优势，但是，由于标准体系不匹配，导致我国规范在国际工程施工、推广中遇到了非常多的问题。

问题一：在国家战略驱动方面，我国尚缺乏体系完整的标准国际化战略，来推动中国技术标准进入海外市场。

分析：一方面，我们拿不出一套完整的且被国际市场认可的标准体系，即使制定了一些国际化程度相对较高的核心标准，但与其配套的机械、设备制造和相关产品标准无法实现国际化，满足不了国际采购的要求。另一方面，在拓展国际工程市场的过程中，我们也缺乏体系完整的标准国际化战略。

以美国为例，美国国家标准学会（ANSI）2000 年就制定了国家标准战略（NSS），2005 年进一步修订成美国标准战略（USSS），明确提出要利用美国标准体系的优势，整合各方面资源，大力推进美国标准的国际化。USSS 是美国标准体系内部各方合作和协调一致的产物，不但满足美国国内利益相关方的需要，而且在地区和世界范围内传播美国的价值观，利用其综合实力和标准体系的优势，大力推进美国标准的国际化，抢占全球市场。

问题二：从海外工程承包经验来看，国际工程承包的难点已不在于施工技术方法，而是来自材料、设备、施工参数等标准规范的制约。

分析：在一些专业领域，如机电安装、使用先进设备的大型高难度土木工程等，国内外技术标准存在非常大的差距，我国的设备加工制造水平及执行标准较欧美国家普遍落后，所用标准也无法实现与欧美国家标准的接轨。另一方面，人才的缺乏也是影响我国对外工程承包的主要制约因素，很多对外项目需要借助欧美咨询公司的力量才能将工程做完。然而，借助咨询公司不仅会增加项目成本，而且项目实施决策受制于咨询公司，不利于企业的发展和人才的培养。

问题三：中国一些具有比较优势的基础设施工程、国际产能和装备制造领域，其行业标准和技术资质很难得到国际认可。

分析：海外工程承包市场极少采用中国工程建设标准，仅将其用于援外项目及国家贷款项目，如安哥拉卫星城（社会住房）项目、埃塞俄比亚的斯亚贝巴—阿达玛高速公路项目、埃塞俄比亚阿达玛风电场等。

问题四：在援建项目中，项目采用国标占比 100%。但是其他项目的国标应用情况不是很理想。

分析：目前在全球范围内，一些国家只认可一些发达国家的行业标准，而不认可中国的行业标准，设置一些障碍，阻止中国的对外投资进程。中国亟须加快标准化国际接轨进程、完善标准体系、提高标准水平，加强标准化管理，大力推动中国标准、认证等的境外互认。

问题五：中国标准的编制思路、模式、语言等在国际上不通用，知名度不够。

分析：中国部分技术标准较为落后；中国标准与国外风俗、习惯、文化、气候对接不上；中国标准实施后，相应的中国材料、设备质量问题逐渐凸显。

建议推动中国工程标准在国际上的示范应用。在"一带一路"沿线国家通过中国援建或中国资本推进的重大工程中，采用中国标准，建设标杆工程，带动这些国家的其他项目和人员自愿选用中国标准。

在文莱淡布隆大桥项目的建设中，所有现场临建均采用国标材料建造，项目部临建本身作为国标样板工程，成为中国标准最直观的例证，在之后的施工中，项目提议的将套筒、管桩端板等构件由英国标准变更为中国标标准的方案也均获得了业主方的同意和认可。刷新了当地业主、监理、同行及群众对中国标准的认知。

问题六：尚未具备统一的、系统化的外文规范标准。

分析：我国部分标准的术语及其解释与国际不接轨，再加上我国从事标准中外文互译的专业人才不足，标准翻译外文版规范性不足，由此我国部分标准在国外的理解和接受程度不高。因此加强中国标准外文版的规范性则成为实现中国标准国际化的必要任务之一。

这很大程度限制了中国规范在这些区域的使用。从国际工程承包市场来看，中国建筑企业要想抢占建筑业的制高点，需要进入欧美发达国家市场，以提升技术创新能力，同时也需要在拉丁美洲、非洲等欠发达地区积极扩大市场规模，以便与欧美企业抗衡。非洲、拉丁美洲等欠发达国家和发展中国家和地区，这些国家大多由于政治、经济等原因，尚未形成系统的国家规范和通用标准，仍需要借助外来公司来帮助其进行城市开发和基础设施建设。

问题七：中国标准技术人才缺乏，研发投入不足。

分析：一方面，我国从事标准化工作的人员基础薄弱，培养成本高、周期长，缺乏培育研究标准化人才的机制，无法建立梯队式互相衔接的标准化人才体系。因此无论从素质还是数量上，都难以满足技术标准战略实施的需求。我国在标准研究工作中，对于标准的"走出去"、拓展"国际化"的研究不足。

另一方面，海外工程中懂标准和精管理的高素质人才仍十分匮缺，成为我国对外工程承包向高端产业发展的主要障碍。中资企业的人才结构、技术能力和管理水平还很难满足业主的需求，能够与国外业主、顾问公司以及合作伙伴流畅沟通，也是我国建筑企业与国际大型承包商之间存在最主要的差距。

在全球化的过程中，机遇与风险并存，发达国家依靠技术创新优势占领发展中及欠发达国家市场，同时利用其强大的标准体系、质量认证、绿色标准、产品规格等措施建立贸易壁垒，限制发展中国家进入其国内市场。因此，随着经济全球化中的国际竞争不断加剧，中国企业正面临着在经济全球化背景下被边缘化的危险。我们只有熟悉了国际市场的游戏规则，才能够在海外市场有所斩获，进而更好地推动中国标准"走出去"。

第五章　标准国际化保障措施

随着我国改革开放的不断深入和社会经济的快速发展，标准作为我国综合实力的体现，越来越得到广泛重视。习近平主席在第70届联合国大会上提出了"共商共建共享"与"公正合理"的全球治理新理念，提出以中国理念和实践引领全球治理机制的改革与完善。标准化作为全球治理的重要规制手段，正深刻地影响着全球治理的格局与制度安排。

大力推动中国标准"走出去"，结合海外工程承包、重大装备设备出口和对外援建，推广中国标准，带动我国产品、技术、装备、服务"走出去"。从技术层面消除壁垒，为推广我国工程技术标准提供国际竞争力，提高了中国标准的国际影响力。但标准国际化工作还有面临很多困难，现阶段中国主导制定的国际标准数量仅占国际标准的1.5%。在顶层设计层面，我国尚缺乏推动中国技术标准进入海外市场的标准国际化体系；缺乏国际标准化人才；缺乏标准国际化经费投入；而中国一些具有比较优势的基础设施工程、国际产能和装备制造领域，其行业标准和技术资质缺乏国际认可；中国标准的编制思路、模式、语言等与国际上其他国家标准有很大差异，加之中国部分标准缺乏完善的外文译本等问题给中国标准在海外的应用带来很大困难。由此表明中国标准国际化任重道远，因此深度参与国际标准化治理，增强标准国际话语权，实施标准联通"一带一路"行动计划，加强标准国际化的保障措施。

一、探索建立工程建设标准国际化合作机制

1. 构建国际化中国工程建设标准体系

由于形成背景不同，中外技术标准在体系架构与标准内容上均存在一定差异。国外标准一般对功能和性能提出明确要求，并对定义、原理做出说明，而很少直接明确实现方法，而中国工程建设标准很多为工程经验总结，直接提出结论性条文，而原理性解释简略。中国技术标准直接提出了实现功能性能的方法，规定的内容过细，与国外国际标准的兼容互通性差。外方技术人员对中国标准的理解普遍困难。发达国家根据WTO/TBT的规定采用技术法规+推荐性标准的标准化管理模式，而我国仍在沿用计划经济体制下制定的强制性标准推荐性标准的管理模式。这种差异使得我国在标准的国际化活动方面难以融入。因此要建立完善具有国际通用的工程建设标准体系。

2. 采取积极的财政支持政策

欧美国家对以标准化为目的的研究开发工作采取了积极的财政支持政策，通过加强相关研究工作，取得制定标准的先机，从而主导国际标准，达到确立本国产业技术的领先地

位。我国在"一带一路"建设上，要对工程建设标准化提供资金支持，对企业标准研制、承担重要的国内和国际标准化活动、技术性贸易措施研究、标准联盟机制培育、标准化人才培养等重点环节提供经费资助。建立标准化的创新激励机制，鼓励引导企事业单位加强标准的研制，对在标准化方面有突出贡献的企业和项目予以奖励。鼓励社会资金参与标准化服务机构发展。引导有能力的社会组织参与标准化服务。

3. 积极主动参与国际标准化工作，参与国际标准编制

充分发挥我国担任国际标准化组织常任理事国、技术管理机构常任成员等作用，全面参与国际标准化战略、政策和规则的制定，提升我国对国际标准化活动的贡献度和影响力。在基础设施、新兴和传统产业领域，推动共同制定国际标准。鼓励、支持我国专家和机构担任国际标准化技术机构职务和承担秘书处工作。建立以企业为主体、相关方协同参与国际标准化活动的工作机制，培育、发展和推动我国优势、特色技术标准成为国际标准，服务我国企业和产业走出去。加大国际标准跟踪、评估力度，加快转化适合我国国情的国际标准。

鼓励国内标准化机构积极承担 ISO、IEC 等国际标准化组织秘书处工作；鼓励、培育国内行业学会组织积极吸纳国际会员，加强国际合作和技术交流；鼓励中国学者广泛参与国际标准化机构、跨国联盟的标准化活动，积极参与国际标准的制订，在国际标准体系中发出中国声音。同时，也应引入国际标准化机构和学者更深入地参与对我国标准的研究、引进、制定和教育等中国国内的标准化活动，一方面引入先进理念和技术提升我国标准的水平，二则可通过他们的声音，使中国标准更容易被国外市场所熟悉，使中国标准的国际性得到更大程度的体现。

4. 深化与沿线重点国家的标准化互认合作

积极发挥标准化对"一带一路"倡议的服务支撑作用，促进沿线国家在政策沟通、设施联通、贸易畅通等方面的互联互通。深化与欧盟国家、美国、俄罗斯等在经贸、科技合作框架内的标准化合作机制。推进太平洋地区、东盟、东北亚等区域标准化合作，服务亚太经济一体化。探索建立金砖国家标准化合作新机制。加大与非洲、拉美等地区标准化合作力度。

从地方、国家、区域各层面推动标准的互认合作，政府层面和民间层面同时推动合作、交流及互认。拓宽企业参与国际标准化工作渠道，帮助企业实质性参与国际标准化活动，提升我国企业国际影响力和竞争力。

5. 支持多样化标准化合作

鼓励国家到社会各层面的标准化的双多边合作，以及标准化组织机构的对接，具有地缘优势的地区或是地理气候特点相似地区成立区域性标准化组织，也鼓励某专业领域或行业成立相关标准化合作组织。以此，开展交流合作和重点项目的标准化推进。

在推动国家和行业层面开展国家标准、行业标准的合作之外，也鼓励各地区发挥地缘优势、文化优势、语言优势和特色产业优势，在优势技术、产业、标准领域，以重点合作项目为契机，开展中国城市与国外地区的标准化合作试点，以及标准化组织机构的双多边

合作。也鼓励各地区研究制定推进"一带一路"建设标准化实施方案。

二、提升工程建设标准国际化水平和国际化程度

1. 全面提高工程建设标准覆盖面

标准范围全面覆盖各类工程项目和工程技术，做到有标可依。改变政府单一供给标准模式，培育团体标准，搞活企业标准，完善地方标准，多渠道、多层次供给标准，形成政府和市场共同发挥作用的新型标准体系。改革强制性标准，制定覆盖各类工程建设项目全生命周期的全文强制性标准，提高标准刚性约束，尽快完成各部门各行业强制性标准体系的构建，向国外的"技术法规"过渡。

2. 全面提升工程建设标准水平

制定实施工程建设标准提升计划，大力提高工程质量安全、卫生健康、节能减排标准，落实中央要求，满足老百姓幸福生活的需要。提高建筑的装配式装修、绿色装修和全装修水平，改善建筑室内环境质量；大幅提升建筑门窗保温、隔音、抗风等绿色建筑性能指标；提高可再生能源在新建建筑能源消耗的占比，优化分布式能源应用标准；提高建筑防水工程质量和使用年限等标准方面，取得突破性进展。

3. 全面与国际先进标准接轨

全面推进国家标准的英文版翻译工作，组织一批优势行业的标准和规范的翻译，推动工程建设标准和规范的输出，从技术层面消除贸易壁垒。推动中国标准与国际先进标准对接，助推"一带一路"标准互联互通。加强中外建筑技术法规标准的对比研究，提高中国工程建设标准内容结构、要素指标与国际标准的一致性；为推广我国工程技术标准并提供国际竞争力，系统地将相关标准翻译成国际语言，实现与国际接轨。研究制定翻译出版国家标准外文版快速程序、中国标准海外授权使用版权政策等相关管理办法等。收集、翻译和研究"一带一路"沿线主要国家的工程建设技术法规与标准，开展技术法规、标准的翻译对比和跟踪工作。

4. 支持并研究属地化策略

采取属地化的方式，将中国标准与当地市场需求相结合。例如在海外并购设计咨询公司实行属地化经验，将中国的标准与当地接轨并逐步推向世界；在海外实施当地城市或者区域性规划时，引入中国标准并与当地要求的标准相结合。

5. 将工程项目转化成"事实标准"

我国不少工程建设项目具有技术先进、安全可靠、性价比高等特点，例如，我国高铁工程建设标准能适应多种运行速度、气候条件、地形地质等工程要求，并拥有大量数据和经验来支持标准，已成为高铁建设中广泛应用的"事实标准"。在我国承建或融资的境外

项目中，结合当地市场需要、用户需求、经济社会环境、地理条件、气候特点等，对中国工程建设标准进行适应性优化，使中国标准满足有关国家工程条件的差异性要求，让沿线国家用户逐渐习惯应用中国标准，使我国工程建设标准受到市场广泛认可和用户大量认同而成为国际"事实标准"，而后争取上升成为正式的国际标准。

6. 引入市场竞争机制

充分发挥市场作用，充分体现谁投资、谁受益的原则，广发吸纳社会力量，鼓励优势行业参与支撑"一带一路"沿线国家的工程建设标准化工作。发达国家将市场性较强的应用型标准在标准研制过程中引入市场机制，欧盟、美国和日本的标准化机构和社团主要通过销售标准文本来收取经济回报，并提供产品认证、实验室认可和技术咨询等有偿服务，政府对标准的服务性收费提供减免税收等优惠政策。

7. 鼓励和支持我国企业积极推广标准规范

鼓励企业结合本单位涉外项目的特点，在保证结构安全、耐久的前提下争取采用我国的规范标准，提升我国标准规范在国外的影响力；鼓励企业组织相关设计人员把我国的一些行业标准和规范，翻译成英文译本，组织当地雇员中的设计人员学习；鼓励企业向当地的监理部门以及业主部门积极推荐我国的行业建设标准，让他们逐渐认识和学习，甚至最后能够接纳我国标准；鼓励企业通过采用符合标准的新工艺、新材料，提高工程质量，起到示范作用，提高对中国标准的认可度。

推动中国工程标准在国际上的示范应用。在"一带一路"沿线国家通过中国援建或中国资本推进的重大工程中，采用中国标准，建设标杆工程，带动这些国家的其他项目和人员自愿选用中国标准。其国内项目如不与中国标准建设的示范工程相对接、相看齐，形成网络，即使中国为之建设了一个个品质再优秀、投资规模再大的样板工程，也依然只是一个个孤立的项目。中国援建的坦赞铁路在数十年之后看即是如此。中国标准"走出去"，不能只为一时一地的中国产能、资本、项目或企业"走出去"服务，而是要有更长远的打算，更主要是带动区域经济快速发展，从而使中国获取更大的市场空间和战略空间。

三、健全工程建设标准国际化人才培养和能力建设

1. 努力打造国际标准化人才培训基地和国际标准化会议基地

为中国企业、科研机构标准化人员等提供固定的标准化培训和对接国际标准化技术机构机制。

2. 开展面向企业特别是"走出去"企业的标准化人才的培训机制

提升企业标准化人才的专业水准和综合素质，进而提升企业参与国际标准化活动能力和水平。

3. 通过人才"引进来"再"走出去"方式加强人才沟通

随着中国经济飞速的发展，越来越多的外籍学生在中国学习和工作，对于长期从事国际工程的总承包单位，可以尝试招聘属地化留学生，充分利用它们的语言优势，对当地相关规范与中国规范进行对比，找出差异性，避免在项目建设周期对当地规范理解不准确，而造成经济损失。

4. 属地化技术力量培养及储备

除语言优势外，相较于中籍员工，属地化员工更熟悉当地国家相关法律法规。并能够充分整合资源有效获取信息，帮助项目顺利开展工作。也能帮助中籍员工更快地适应、融入当地国家行业标准及要求。

四、建立健全保障措施

1. 完善标准国际化顶层设计，提供政策性保障

《国家标准化体系建设发展规划（2016—2020年）》为指导，立足于城镇建设和建筑工业领域标准国际化现状，包括但不限于标准国际化的战略研究，部门合作机制研究，总体策略，实施路径等内容，从全局视觉出发对标准化工作的各个层次、要素进行统筹考虑。标准的竞争力不仅仅在于其中具体的技术规定和指标要求，更在于若干部标准互相引用、协调一致、形成体系、覆盖全面。

2. 建立多元化资金投入机制，提供资金保障

1）国家层面应提供相关标准资金支持。

设立标准国际化专项课题、标准国际化相关技术研究，强化标准国际化经费支持激励措施，出台对承担国内技术对口单位，国际秘书处等在国际化过程中起到重要协调组织作用机构的激励措施。设立专项资金用于支持中国标准"走出去"。对推动中国标准"走出去"的企业给予资金支持；加大在高素质国际化人才培养、标准外文版翻译推广及发展中国家技术培训等方面的资金投入。

2）各级政府应激励参与国际与国家标准制定，引导和鼓励企业和社会各界加大对标准国际化活动的投入。

合理利用资本驱动。借助"亚投行"的资金优势，在支持"一带一路"国家基础设施建设的同时，大力推行中国工程建设标准。在国际金融组织与资金使用国的资金借贷协议中，往往对技术标准有强制性要求，强制性要求使用我国资金的项目必须采用中国标准，或者向该项目推荐中国公司、采用中国技术标准设计建设，有力带动中国产能走出去和中国技术标准国际化。

3）促进国际合作，充分利用国际资本。

鼓励工程建设企业争取丝路基金、亚洲基础设施投资银行等战略性金融机构资金支

持，发挥产业发展专项资金和科技成果转化引导基金的引导作用，带动金融和社会资本参与，与"一带一路"沿线国家企业、科研机构和大学开展双边合作，增强工程建设标准国际化的技术交流。

3. 建立梯队人才库，提供人才保障

标准"走出去"要与重大科技项目同步规划，同步考虑，鼓励科研人员的研究成果"走出去"；要培养一大批熟悉和掌握国际标准规则，专业权威、外语熟练、并熟悉国际标准化规则的复合型人才。通过这些领军人才形成辐射效应，逐步带动更多的专业技术人员参与，在制定和修订标准、翻译外文版、对外宣传推广等各个环节发挥重要作用。

鼓励更多的政府相关部门、企业、科研机构、高等院校选派优秀人才进入国际标准组织，深度参与战略、政策和标准制定，充分利用国际平台，推动中国标准成为国际标准，提高中国的话语权；鼓励更多优秀人才在国际标准组织中从事管理工作，更多的中国专家在国际标准组织中担任专业委员会的首席专家；打造国际标准化人才培训基地和国际标准化会议基地，为中国企业、科研机构标准化人员等提供固定的标准化培训和对接国际标准化技术机构场所；开展面向企业的标准化人才培训，提升企业标准化人才的专业水准和综合素质，进而提升企业参与国际标准化活动的能力；通过人才"引进来"再"走出去"方式加强人才沟通；加强属地化技术力量培养及储备。

深入贯彻实施国家"一带一路"战略，围绕工程科技领域的重大科技需求，在国家互联互通交流机制和双边、多边科技合作协定框架下，着力与沿线国家的政府部门、科研机构、著名大学和企业开展高层次、多形式、宽领域的标准国际化合作，积极为企业开展标准国际化合作搭建平台提供支持，促进标准化成果的引进、输出和转移转化。

4. 全面提升标准水平和国际化程度，扎实技术保障

1）高新的技术及含有自主知识产权的标准是中国标准"走出去"的硬实力。

进一步加强我国有优势的传统技术标准水平和国际化程度，尤其是我国具有自主知识产权的技术，通过将我国具有自主知识产权的技术融入国际标准中，从而占领国际竞争的高端，极大提升我国相关企业，相应标准的知名度和国际竞争力。持续开展相关国家和地区工程建设标准体系研究。融入国际工程咨询市场，为国外业主项目规划设计，帮助一些尚未形成标准体系的国家建立标准体系、材料实验室等，不断提升我国工程建设标准的技术水平，完善体系建设。使中国标准技术指标的可靠性有更强的说服力。

2）进一步加强工程建设领域新材料、新工艺、新方法研究和体系研究。

进一步加强中国标准中有关绿色环保、施工安全、以人为本建设理念和方法的研究。推动中国工程标准在国际上的试点示范建设。在"一带一路"沿线国家通过中国援建或中国资本推进的重大工程中，采用中国标准，建设标杆工程，带动这些国家的其他项目和人员自愿选用中国标准。

3）加强中外规范标准的对比分析，落实标准保障。

加强中外规范标准的对比分析，形成系统性的对比成果；加快更新并大力推广现有标准；加大力度研制欠缺标准。标准保障应从两个方面进行，一是国际项目直接采用中国标准，二是中国标准直接转化为国际标准。

国际项目直接采用中国标准是中国标准"走出去"最直接的方式。以中国援建的各类国际工程为基础，随着中国资金、中国技术、中国企业参与到国际项目当中，采用具有国际水准的英文版中国标准，将有助于在国际社会打造中国标准的影响力与公信力。

5. 加强国际化交流，建立我国标准国际化机制

（1）鼓励相关政府部门、企业、大学等机构与各国标准化机构交流。

围绕如何主导、参与国际标准化工作及深化与沿线重点国家的标准化互认合作等主题通过承办、参加标准国际化相关会议、访问增进交流，探索并支持各地开展特色标准化合作，探索协调合作机制，探索建立"一带一路"工程建设标准化组织等。以建立稳定通畅的标准化合作机制深化标准合作、加快推进标准互认工作，共同完善国际标准体系；全面深化与"一带一路"沿线国家和地区在标准化方面的双多边务实合作和互联互通，积极推进标准互认，以利于我国标准的海外推广应用。

（2）设立中国标准化驻外机构。

中国标准"走出去"除了参与国际标准化活动之外，还要跟其他国家实现标准互认、授权其他国家采用中国标准。标准互认方式包括两国发布互认标准清单、相互采标、共同制定标准、共同起草国际标准等。除了国家层面上相互对话交流、签署标准互认协议之外，中国标准"走出去"需要更多中国标准化驻外机构。这些驻外机构可以成为中国驻外国大使馆的某个部门，也可以是独立设置的机构。驻外机构对外宣传中国标准，为国外机构提供标准采标、项目咨询、标准规划等服务，从战略层面上支持中国标准真正"走出去"。

（3）广泛宣传推广中国标准。

中国标准要走向国际，相关宣传推广工作必不可少。积极将中国标准文本、标准简介按照 WTO/TBT 格式翻译为英文，供更多国家学习与了解中国标准化现状；通过中国对外媒体平台宣传推广中国标准。通过项目合作、专家互访、共同研究、学术交流、宣贯培训，大力培养熟悉中外标准的工程技术人才和商务人才，鼓励对外参与工程建设活动的中国企业和人员，做中国标准甚至是中国文化的传播使者。

（4）培育更多国家采用中国标准。

培养其他国家使用中国标准将是一个漫长的过程。对于尚未建立标准体系的国家，应邀请相关人员到中国来，考察按照中国标准设计、施工、维护的各种工程项目，了解中国技术背后的标准案例；提供标准化培训，介绍标准化知识与国际标准化现状等。

另外，对来华留学生介绍中国文化时，可以将中国标准化知识融入其中，通过中国标准来介绍中国技术，进而介绍中国国情与文化。

6. 制定并落实配套措施，提供全面保障

（1）各有关政府主管部门以及金融机构制定标准国际化战略，出台标准国际化政策，为中国标准"走出去"提供政策保障。鼓励和要求使用中国资金的境外投资、承包工程项目采用中国标准。

（2）学习落实《深化标准化工作改革方案》，提高标准国际化水平，增强我国在国际标准化组织中的话语权。建立国际标准跟踪、评估和转化机制，加强中国标准外文版翻译出版工作，推动与主要贸易国之间的工程建设标准互认，创建中国工程建设标准品牌。

以《国家标准化体系建设发展规划（2016—2020 年）》为指导，在技术发展较快、市场创新活跃的领域培育和发展一批具有国际影响力的团体标准。鼓励具备相应能力的学会、协会、联合会等社会团体共同制定满足市场需求的标准，增加标准的有效供给。

（3）出台我国标准国际化相关激励措施，重点用于激励标准国际化研究，资助承担国际化工作企事业单位以及重要标准的宣贯培训和标准化人才培训等。支持和鼓励企事业单位、科研机构参与国家、国际标准化活动，扎实推进标准国际化发展战略的实施。

附 录 案 例 分 析

（一）巴布亚新几内亚某镍钴项目标

1. 项目属地国情况简介，包括环境、人文、工程建设可利用资源等

该项目位于巴布亚新几内亚的马当省，是集采选冶为一体的世界级矿业项目。项目已探明和可控的镍矿石储量为 7800 多万吨，总资源量达 1.4 亿吨。设计服务年限 20 年，远景储量有望支持 40 年。

矿山位于马当西南方向 75km 的 Kurumbukari 地区，海拔 600m～800m。冶炼厂位于马当市东南 55km 的 Basamuk 海边，海拔 5m～60m。矿浆管道是连接矿山和冶炼厂的输送系统，全长 135km。

项目是迄今为止中国企业在海外最大的有色冶炼投资项目，也是巴布亚新几内亚最大的红土镍矿项目。项目生产镍钴中间产品，折合金属当量镍约 32000 吨/年，钴约 3000 吨/年。

2. 简述与标准使用相关的工艺流程和相关专业情况

本项目采矿方法为露天开采，处理量 465 万吨/年。选矿采用褐铁矿与残积矿混洗经过二次筛分、二次擦洗，采用重磁联合的方式选铬，矿浆浓缩后经 135km 长距离管道输送至冶炼厂，尾矿深海排放。冶炼工艺采用高压酸浸、氢氧化镍钴沉淀法。

3. 本项目使用的标准规范规程情况

（1）依据"框架协议"的规定，本工程使用的主要中国标准、规范、规程的大项包括：

1）一般标准规范：涉及 5 项标准；

2）专业标准规范：涉及地质、采矿、选矿、冶炼、制酸、尾矿、给排水、电气、仪表、电信、通风、热工、设备、建筑、结构、机修、管道、总图、环保、概算共 20 个专业 268 项标准或规范；

3）施工及验收规范：共涉及各类施工及验收标准、规范 43 项；

4）专业设计图集：各专业图集约 190 项。

（2）涉及的国外其他标准主要有美标、欧标、通信等约 10 大类国外标准，包括但不限于：

1）巴布亚新几内亚矿山法律：约 18 项；

2）巴布亚新几内亚推荐标准：约 73 项；

其中：压力容器、环保、安全、消防等为项目所在地政府、第三方机构着重关注的内容。

4. 标准在项目使用中的原则

由于涉及的标准众多，从项目执行角度对各标准的使用原则如下：

本着节约的原则，项目在允许使用国标的情况下以国标为优先原则；

由于项目允许使用国际标准，在涉及设备或装置引进时，以进口国标准为准，包括相应的验收规范；

在特定区域，如高压酸浸区域，由于国内没有类似工程的相关经验，主体采用美标体系，同时允许国标设备来考虑，使得特定工程能够与国际接轨，在项目后期的验收、报批、运行等方面更方便，同时也符合将来备品备件的国际化；

优先考虑国际标准或当地区域标准的有：安全、环保、消防、电信等，实现与国际接轨；

土建标准的使用必须得到当地的认可。

5. 项目标准使用对项目实施的影响

（1）投资：采用新标准的成本（翻译、培训、考核）；不同的质量认证机构增加的成本；设备采购和材料选择限制带来的成本；工法应用不当带来的成本；检验或实验设备和方法不同带来的成本；包装、运输标准不同带来的成本，导致项目投资增加。

（2）质量：不同工段在技术衔接时，因使用标准不同带来的影响；员工对标准不熟悉带来了潜在影响。

（3）对工法和验收标准的熟悉程度和不统一造成了影响；质量认证的确定方式和机构选择以及施工设备的检验标准等均带来影响。

（4）管理：不同标准的组织和实施、不同标准的指导和监督（有效性）、质量体系保证、标准使用的可追述管理、标准翻译等均带来影响。

（5）专业标准使用：列出各个专业使用国内外标准一览表，见表 1。

各专业使用国内外标准一览表 表 1

专业	标准类别	建议采用的工程建设标准
土建	建（构）筑物结构设计	中国工程建设相关标准
管道	动力管道	中方设计：采用国内标准 外方设计：采用 ASME 标准
	长距离输送	采用 ASME 标准
	工艺管道	中方设计：采用国内标准 外方设计：采用 ASME 标准
	建筑管道	采用国内标准

续表

专业	标准类别	建议采用的工程建设标准
机械	机　械	中方设计：采用国内标准 外方设计：采用 DIN 标准
	压力容器	中方设计：采用国内标准 外方设计：采用 ASME 标准
	锅炉	中方设计：采用国内标准 外方设计：采用 ASME 标准
仪表	仪　表	中方设计：采用国内标准或 ISA 标准 外方设计：采用 ISA 标准 接口标准为：DIN 或 EN 或 ANSI
电信	电　信	有线通讯：ISDN 标准 无线集群系统：MTP 协议 微波通讯：ETSI 欧洲电信标准化组织

6. 标准在项目中使用过程简单描述

（1）项目规划阶段对标准使用需要重点关注的分项工程内容，形成的管理机制落实。

在项目基本设计前期，对本工程设计拟采用的工程设计标准进行了充分的调研和规划，包括环境保护、生活饮用水、劳动安全、矿山特殊工种、爆炸品（炸药库）、消防、建筑结构、道路与桥梁、压力容器、动力锅炉、动力管道、长距离矿浆管道、电力等方面进行综合调研，并按专业大类划分为环保（水、气、渣、复垦）、土建（建构筑物）、管道（动力管道、长距离管道、工艺管道、建筑管道）、机械（机械及设备、压力容器、锅炉）、电气仪表（发电、输配电、仪表、电信）向瑞木镍钴管理公司（RNML）进行汇报。

（2）与属地国政府就标准在项目中使用的沟通，并就安全、消防、环境、通信和土建细节是否达成共识，并形成标准使用的基本原则。

（3）设计过程对标准使用做出统一规定。中国恩菲工和技术有限公司与业主就本项目标准的使用进行了专门的协商，分别与巴布亚新几内亚矿业部、工程部、环境部、劳工部、注册结构工程师、国家标准与工业技术研究中心，一起协商本项目设计标准，并就双方关注的安全、消防、环保、通信、土建等细节方面逐条讨论。

（4）施工过程（含调试阶段）对质量保障及标准、方法做出统一规定。调试前的安全设备第三方检验，由巴布亚新几内亚政府委托第三方对该类设备进行检验，并提出整改意见，项目方按要求整改。项目执行阶段政府等进行了检验，除在相关标准前提下，还增加了如起重设备、锅炉、压力容器、压力管道、安全阀、码头门机等方面的部分要求，工程在此方面进行了补充及整改，并达到要求。

（5）试车前的消防验收作为单独的一项由巴布亚新几内亚政府委托第三方进行现场验收，作为具备试车的必要条件，提出整改意见，项目方按要求整改。瑞木项目三个主要工程区域，即冶炼厂、矿山、马当基地通过了莫尔兹比消防局的图纸审查和现场验收，满足要求。

（6）试车和生产试车前的检查，按照属地国政府标准检查，关系到生产许可证的发放。本项目工作由巴布亚新几内亚政府矿业部与环境部主导，现场检验，作为颁发许可的前提条件。

（二）老挝某钾盐矿项目

1. 项目属地国情况简介

老挝某钾盐矿区位于老挝人民民主共和国甘蒙省，老挝政治环境稳定，政府政策连续，劳动力便宜，电力充足。老挝某钾盐矿验证工程所在地他曲位于湄公河东侧，水资源丰富，基础设施建设相对较为完善。

矿区周边地区建有老挝国内大型的水泥厂，能够满足本工程的建设生产需要。当地工业不太发达，厂房建设所需建筑材料，如木材、水泥、土砖可以从当地解决外，其余如钢材、大型仪表、设备等可从中国采购。在甘蒙省的省会他曲市有锯木厂、木材加工厂、家具制造厂、微生物肥料生产厂、机械修理车间、饲料加工厂、冰镇果汁饮料生产厂。虽然这些企业较小，但能满足当地人民对食品、器材、机器修理等方面的需要。

当地劳动力比较缺乏，特别是具有一定素质的技术工人更是寥寥无几。因此，主要建设生产技术工人需要从中国国内解决。

2. 简述与标准使用相关的工艺流程和相关专业情况

矿山采用斜坡道开拓方案，选矿工艺流程为采出的矿石经半自磨—筛分，分别得到粗粒磨矿产品和细粒磨矿产品，对细粒磨矿产品采用旋流器分级以脱除矿泥，然后分别进行粗粒级、细粒级浮选。本次设计现场不考虑生活设施，场区内集中设一座综合服务楼。

3. 本项目使用的标准规范规程情况

全部采用中国标准共 200 项如下：
一般标准规范：5 项；
地质专业 4 项；
采矿及井建专业 17 项；
矿机专业 5 项；
选矿专业：10 项；
尾矿专业：11 项；
给排水专业：19 项；
电气专业：19 项；
仪表专业：7 项；
电信专业：10 项；
通风专业：13 项；
建筑专业：19 项；

结构专业：19 项；

总图专业：14 项；

安全环保专业：18 项；

概算专业：10 项。

4. 标准在项目使用中的原则规定

（1）合同有相关要求，如下：

所采用的工程技术标准与规范选用优先次序为：老挝政府颁布的强制性标准与规范、中国行业相关标准与规范。其中，中国行业相关标准与规范主要参考有色相关规范。

（2）按合同规定，项目验收按照中国标准进行。

（3）本项目设备均采用中国标准

（4）中国土建专业标准得到项目属地国的认可

（5）在安全、环保、消防和通信方面，按照项目属地国的标准或认可的国际标准。

5. 项目标准使用对项目实施的影响

（1）投资：因为老挝在亚洲属于相对不发达国家，中国的标准对老挝来讲，已算比较先进。项目需要掌握老挝政府颁布的强制性标准与规范，进行了大量的调研，粗略估计增加综合百分比 1%。

（2）质量：不同工段在技术衔接时，因使用标准不同带来的影响；员工对标准不熟悉带来的潜在影响；工作环境对有效实施标准的影响等不明显。

（3）施工：没有因对工法和验收标准的熟悉程度和不统一造成的影响，以及施工设备的检验标准的影响。

（4）管理：由总承包方负责。

（5）专业标准使用：全部采用中国标准，均由中方设计。

6. 标准在项目中使用过程简单描述

（1）项目规划阶段对标准使用重点关注的分项工程内容。工程项目使用标准的策划，形成的管理机制落实。主要是收集当地的强制规定，对一些认为有风险的分项工程，请当地有关部门审核，如炸药库。

（2）与属地国政府就标准在项目设计前期、中期及施工阶段均与当地进行过沟通，并就安全、消防、环境、通讯和土建细节是否达成共识。

（3）设计过程对标准使用做出统一规定。

（4）施工过程（含调试阶段）均按中方标准施工和验收。

（三）埃及硫磺制酸项目

1. 项目属地国情况简介

埃及硫磺制酸项目所在地位于埃及首都开罗近郊，当地主要建设条件如下：

（1）物资及后勤供应

开罗当地各种工程材料供仅能满足对部分施工材料的补充，主要设备材料需要在中国采购，运送到埃及开罗施工现场。施工设备则可以基本满足施工需求。电子办公设备可以在埃及或在中国购置，生活用品可以在当地解决。

（2）自然条件

当地气候干燥无雨，每年2次～3次小雨，非常适应硫酸工程的建设施工。冬季温度适宜，夏季炎热，沙漠性气候。

（3）交通条件

项目所属工厂距市中心35公里，交通便利，公路从厂前通过。

2. 简述与标准使用相关的工艺流程和相关专业情况

埃及硫磺制酸项目采用3+1双转双吸流程，酸厂余热回收发电。硫酸系统主要包括熔硫及液硫储存、焚硫转化及干燥吸收，余热锅炉系统由余热锅炉、省煤器5A/5C、省煤器3B、低温过热器、中温过热器和高温过热器组成，余热锅炉产生的过热蒸汽，供抽气凝汽式汽轮发电机组发电，平均发电量≥15MW。参与的专业有化工工艺、化工设备、热工、给排水、建筑、结构、电力、仪表、电信、总图、通风。

3. 本项目使用的标准规范规程情况

本项目土建工程按中国标准设计，业主委托第三方按埃及标准进行图纸转换；业主指定的设备采用制造商标准；埃及有关压力容器、压力管道、消防设施的强制性标准按照当地法律标准执行；其他优先采用中国标准，在中国标准无法满足业主要求时可以采用国际标准。

设计使用的主要标准情况如下：

通用标准7个；

总图选用标准2个；

化工工艺选用标准12个；

热工选用标准22个，其中选用了一个国外标准：ASME标准 第1卷 动力锅炉建造规范；

给排水选用标准7个；

电气选用标准9个；

仪表选用标准7个；

土建选用标准30个；

通风选用标准 5 个；

电信选用标准 5 个；

施工质量、验收标准均选用中国标准，设备制造和产品标准选用制造国所在地的相关标准。

该项目在合同谈判期间就将中国标准引入，并说服业主接受中国标准，除了土建、当地国强制标准外基本都选用了中国标准，并在合同中做了相关的约定，对项目的执行和考核提供了保证。

4. 标准在项目使用中的原则规定

（1）合同中明确规定了除土建外，优选中国标准，如果中国标准不能满足要求可以选用其他国际标准。

（2）若合同未做细节规定，依据成本控制原则，确定项目是否优先使用中国标准。

（3）国外的设备验收选用中国标准比较困难，通常会选用 ISO 或其他国际通用的标准。

（4）与国外先进主体设备配套的中国设备制造标准，在配套过程中，为验收、报批、运行的便捷，考虑尽量选用国际通用标准。

（5）由于材料采购的问题，业主不接受中国土建专业标准，钢结构标准可以接受。

（6）在安全、环保、消防和通信方面，按照项目属地国的标准执行。

5. 项目标准使用对项目实施的影响

（1）投资：由于该项目除土建外其他标准均优先选用中国标准，因此只增加了土建图纸转化增加的人工成本，其他设计、采购等没有增加成本。

（2）质量：质量、环保等标准直接在合同中约定了具体执行内容，没有增加对标准熟悉的工作。

（3）施工：施工、质量及验收均选用中国标准。

（4）管理：项目管理严格按照合同约定的标准执行，土建图纸转化时安排专业设计人员在埃及当地与图纸转化设计单位共同完成相关工作，保证图纸质量满足项目的质量要求。项目需要翻译的标准内容不多，由项目专业翻译人员进行翻译，保证翻译的准确性。

（5）专业标准使用：列出各个专业使用国内外标准一览表，见表 2

本项目除土建、环保、安全外均选用中国标准。

本项目除土建、环保、安全外均选用中国标准　　　　　　　　　　　表 2

专业	标准类别	采用的工程建设标准
土建	土建	中方设计：采用国内的标准
		外方设计：项目所在国标准
总图	总图	中方设计：采用国内的标准
		外方设计：没有相关的标准
管道	工艺管道	中方设计：采用国内的标准
		外方设计：采用 DIN、ASME 标准

专业	标准类别	采用的工程建设标准
工艺	工艺设计	中方设计：采用国内的标准
		外方设计：采用 DIN、ASME 标准
机械	机械	中方设计：采用国内的标准
		外方设计：采用 API、ISO、DIN 标准
电气	电气	中方设计：采用国内的标准
		外方设计：采用 IEC 标准
仪表	仪表	中方设计：采用国内的标准
		外方设计：采用 IEC、ISA 标准
电信	电信	有线：ISDN 标准
		无线集群系统：MTP 协议
		微波通讯：ETSI 欧洲电信
其他专业	消防	中方设计：采用国内的标准
		外方设计：采用 NPFA 标准
环保、安全		中方设计：采用国内的标准
		外方设计：项目所在国标准

6. 标准在项目中使用过程简单描述

（1）项目规划阶段对标准使用需要重点关注的分项工程内容。工程项目使用标准的策划，形成的管理机制落实。

（2）与属地国政府就标准在项目中使用的沟通，并就安全、消防、环境、通信和土建细节达成共识。

（3）设计过程中项目对设计标准根据合同要求做了统一规定，各专业在项目统一规定的基础上根据各专业的情况细化并出版各专业统一规定。

（4）施工过程对质量、安全及环保均按照 ISO 标准制定了项目级统一规定，锅炉、压力容器及安全阀等按照 ASME 标准进行检验和验收。

（5）试车前的工程消防安全验收，由业主负责委托第三方进行验收。

（6）埃及当地没有生产许可证发放后才能生产的要求。

（四）纳米比亚硫酸厂项目

1. 项目属地国情况简介

纳米比亚共和国位于非洲西南部，北靠安哥拉和赞比亚，东连博茨瓦纳，南接南非。海拔高度为 1000～2000 米，干旱少雨，属亚热带、半沙漠性气候。该国分为 13 个行政区和 50 个地方政府，首都温得和克（Windhoek）。

1966 年联合国大会根据西南非洲人民的决定将"西南非洲"更名为"纳米比亚"。1990 年 3 月 21 日纳米比亚宣布独立，是非洲大陆最后一个获得民族独立的国家。国土上黑人为主，白人多为殖民时期欧洲各国后裔以及南非人后裔

纳米比亚地广人稀，矿产资源丰富（尤其是铀矿），矿业、渔业、畜牧业为三大传统支柱产业，制造业不发达。经济、技术基本沿用南非的相关规则和体系，除了少量的事关安全、环保的内容。

2. 与标准使用相关的工艺流程和相关专业

中国作为总包方，在纳米比亚建设了 HUSAB 硫磺制酸厂（1500t/d）以及 15MW 的余热发电站，为 HUSAB 铀矿冶炼项目配套设施，项目的投资方为中广核。酸厂是纳米比亚第一大硫酸厂，发电站是纳米比亚第二大热电站。

项目主工艺流程为硫磺制酸典型工艺，即焚烧硫磺产生二氧化硫，二氧化硫在催化剂作用下转化成三氧化硫，之后被浓硫酸吸收形成高温热硫酸产品。焚烧二氧化硫产生的热，经余热锅炉变为中压过热蒸汽，进入发电站用于发电。

涉及标准的专业包括：土建、管道、机械设备、电气、仪表、消防、安全、压力管道和压力容器等专业。

3. 本项目使用的标准规范规程情况

本项目的土建、管道、机械设备、电气、仪表、消防、安全、压力管道和容器等专业，最初被业主工程师（欧洲公司）全都要求执行业主指定的标准，即国际标准和南非标准。经与业主磋商，酸厂界区内的管道、机械设备设计等执行中国标准，但是与业主方界区相连的部位执行南非标准；消防、环保执行当地标准，压力容器和管道执行 ASME 标准，电气、仪表按照业主提供的技术规范执行（以南非标准和国际标准为依据编制）以及 IEC 标准；土建设计原则上执行中国标准，但业主提供了标准图的部分按照标准图执行。设备制造和检验标准执行设备制造国标准和相应行业标准，尽量使用 ISO 等国际标准。

4. 标准在项目使用中的原则规定

合同规定中对标准的使用有专门规定：承包商的所有工作需要满足现场和项目规范、技术规范要求以及南非标准，南非标准没有相应规定的，经业主工程师批准可以采用其他标准。合同中特别指出几项在纳米比亚需要遵循的强制性规定，主要为矿业相关的健康和安全规定、职业健康规定等。界区处与业主工作范围连接的管道，需采用南非标准；电气和仪表需采用 IEC 或者是南非标准，同时业主在合同中给出了电气及仪表的设计规定，是必须要遵循的。酸厂界区以内，经工程师批准，可以采用国际标准（但业主方不认为 GB 为国际标准）。

在项目实际实施阶段，由于业主为中资企业，且酸厂项目主要由业主的中方员工进行管理，因此酸厂界区内除了上述特别要求一定要遵循的内容外，其他标准主要采用的是中国的国家标准或者行业标准。对于中国产设备，在控制成本的基础上，要求供应商尽量采用 ISO 等相关国际标准用于设备制造和检验、验收；对于业主方有特殊要求的电气、仪

表控制以及管道接口等，也在设备采购合同中对供应商提出相同的技术要求。

项目的土建设计采用中国标准设计，但是对于业主在合同附件中给出了标准做法和标准图的地方，要求按业主要求设计（主要为钢结构连接设计、防护栏设计等）。业主方的工程师在图纸上签字使用，业主的中国施工单位实施土建施工工作。

安全、环保方面必须采用纳米比亚的相关规定要求，原则上，消防设计采用 NFA 的相关标准；锅炉系统的验收、压力容器和管道的验收执行 ASME 相关标准，并且按照纳米比亚的要求由纳米比亚专门机构（矿业部）进行验收检查后方能使用；高压电气设备（如变压器、配电柜等）在投入使用之间，需要有当地检验资质的公司或者机构进行测试，出具合格报告后方能使用；施工安装过程中的无损检测检验，也需要由获取了当地资质许可的公司来执行，相应的无损检测报告才能生效。由中国运到纳米比亚的射线探伤机等，未经许可进入纳米比亚境内将视为违法。

5. 项目标准使用对项目实施的影响

本项目对压力容器、压力管道、电气、仪表、消防、安装过程无损检测等方面的标准和技术规范的规定，使得工程相较于在中国建设，有明显的成本增加。

由于压力容器必须要要按照 ASME 的相关规程进行，并且要带 ASME 钢印，设备的价格较常规高 2%～5%；消防设备要按照 NFA 的相关标准执行，且要满足有关南非标准，设备只能从南非采购，相应的造价较国内翻倍；电气电缆按照南非的相关标准执行，桥架要采用不锈钢的，各种格兰头也要采用不锈钢材质，安装布线等也需要执行南非标准，电缆只能在当地采购，受工期、供应商资源等影响，最终在电缆方面的投资较国内高80%；低压开关柜由于采用业主指定品牌、指定柜型等，设备只能从南非采购，较国内常规投资也翻倍。工程施工过程中，由于无损探伤的要求（尤其是管道的探伤和测试）较国内高，以致相应的安装成本增加。

项目安装实施过程中，业主方严格按照设计相关检验要求来检查施工安装的质量控制过程，并对安装过程质量控制文件有明确的格式、内容相关要求，刚开始安装单位不适应，最后增加了质量管理人员，才能勉强满足业主的相关要求。

为了减少或者避免施工单位对标准不熟悉以致不能全面了解标准的要求带来的问题和损失，项目组从设计着手，将中国标准以外的重要要求全部体现到图纸上，以便施工安装单位不需要查国外标准或者业主规范，就可以清楚应该怎么做。但个别设计专业在一些细节上仍然忽视了业主规范要求（比如桥架要立式安装、格兰头需是不锈钢制等），以至于相关工程返工，这对项目工期和成本都带来了不良影响，各专业标准使用一览表见表3。

各专业标准使用一览表　　　　　　　　　　　　　　　　　　　　表3

专业	标准类别	采用的工程建设标准
管道	工艺管道	中方设计：常压管道采用化工行业标准（用于 DIN 标）；压力管道采用中国标准和 ASME 标准
		外方设计：采用 ASME、ANSI 或者 SANS（南非）标准
机械	机械	中方设计：采用国内的标准，部分参考 API
		外方设计：采用 API、南非标准

续表

专业	标准类别	采用的工程建设标准
仪表	仪表	中方设计：采用 ISA 和业主相关技术规范
		外方设计：采用 ISA 标准，SANS 标准
		接口：ISA 标准，业主方专门技术规范
电信	电信	有线：ISDN 标准
		无线集群系统：MTP 协议
		微波通讯：ETSI 欧洲电信
其他专业	土建	中方设计：中国标准＋业主技术规范
		外方设计：SANS

6. 标准在项目中使用过程简单描述

本项目对压力容器、压力管道、电气、仪表、消防、安装过程无损检测等方面都有标准和业主方技术规范的规定，这在项目策划阶段得到了充分重视。原则上，项目对标准的使用按照合同相关约定执行，用中国标准的情况能跟业主解释通过的就用中国标准。对于业主提出的特别的技术规范和要求，除了在设计图纸上进行体现，也要求将相关的规范作为设备采购分包合同、施工安装分包合同的技术附件，宣贯给各分包商，并作为履约依据。

本项目业主工程师熟悉项目属地国的各项要求，并负责与政府沟通。因此，承包商只需要与业主工程师进行相应沟通。关于安全、消防、环境等方面，做到提前跟业主工程师确认清楚、照章执行，因而相应工作进行还算顺利。

本项目就管道设计、设备设计、保温设计等专门编制了工程设计规定；电气、仪表、土建等明确按照业主在合同中给出的规定执行，因此除个别专业在细节上出现了疏忽以外，项目整体的标准执行状况良好。

本项目施工过程中，压力容器、压力管道、安全阀、起重设备、高压电气设备的使用有当地验收要求，由业主组织有资质的单位验收测试，相关政府机构主要查看验收报告，但对于压力容器的耐压测试等过程需要现场见证。

消防安全验收，业主方组织，由相关政府部门做了单独验收。承包商提供消防系统的设计文件、安装和调试文件、消防报警系统调试合格报告等文件即可。

试车前的检查，纳米比亚没有特别的要求，承包商按照业主工程师的相关文件格式、内容规定完成三查四定和整改工作即可。

本项目交付后，还没有收到纳米比亚政府有制定或者修订相应标准的需求。

（五）印度某铅项目

1. 项目属地国情况简介

印度共和国地处北半球，是南亚地区最大的国家，面积为 298 万平方公里，居世界第

7 位。印度全境炎热，大部分属于热带季风气候，印度气候分为雨季（6 月～10 月）与旱季（3 月～5 月）以及凉季（11 月～次年 2 月）。印度的人口为 13.26 亿人（2016 年），是世界上仅次于中华人民共和国的第二人口大国，人口数世界排名第二。印度矿产资源丰富，铝土储量和煤产量均占世界第五位，云母出口量占世界出口量的 60%。

印度某铅项目厂址位于印度拉贾斯坦邦乌代浦市。项目业主为印度锌业有限公司（Hindustan Zinc Limited）。该项目由中国有色金属建设股份有限公司总包，中国恩菲工程技术有限公司设计。土建及安装由印度公司负责。所有设备、材料及钢结构从中国采购。

2. 简述与标准使用相关的工艺流程和相关专业情况

本项目采用的工艺流程为氧气底吹熔炼——鼓风炉还原炼铅法，鼓风炉渣采用烟化炉处理，粗铅精炼采用电解工艺，铅阳极泥处理采用火法—湿法流程，铜浮渣采用反射炉处理。

3. 标准使用情况

印度项目采用的标准大部分都是按中国标准进行的，在项目执行过程中有几个标准是需要按照印度标准的，主要有 IBR 标准（压力管道设计）和消防标准，他们也有一些环保标准、结构设计等一些专业标准，但是相比中国的标准没有那么严格，他们没有像我们国内有铅锌冶炼厂设计标准这样的冶炼厂设计标准。

本项目除强制性标准按印度当地标准设计外，其他的标准按国内标准设计，本项目各个专业的一般中国标准数量有 200 多个。电力采用的是 IEC 标准有 10 个。印度当地的强制性标准是压力管道标准 1 个及消防标准 1 个。

4. 标准在项目使用中的原则规定

（1）合同规定强制标准按印度标准，其他的标准按中国标准，但是要参考印度标准。
（2）若合同未做细节规定，依据成本控制原则，项目优先使用中国标准。
（3）本项目设备大部分在中国采购，因此按中国验收标准验收。业主会请第三方参与检测。
（4）中国土建专业标准得到项目属地国的认可。
（5）在安全、环保、消防和通信方面，按照项目属地国的标准或认可的国际标准。

5. 项目标准使用对项目实施的影响

（1）投资：投资会有所增加，除去运输之外，相比国内的设备投资会高 10%～20%。
（2）质量：不同工段在技术衔接时，因使用标准不同带来的影响；员工对标准不熟悉带来的潜在影响；工作环境对有效实施标准的影响等均存在。
（3）施工：对工法和验收标准的熟悉程度和不统一造成的影响分析；质量认证的确定方式和机构选择；施工设备的检验标准的影响等存在。
（4）管理：不同标准的组织和实施；不同标准的指导和监督（有效性）；质量体系保证；标准使用的可追述管理；标准翻译等均有影响。

（5）专业标准使用：列出各个专业使用国内外标准一览表，见表4。

各专业使用国内外标准一览表   表4

专业	标准类别	采用的工程建设标准
管道	工艺管道	中方设计：采用国内的标准
		外方设计：采用 ASME 标准
机械	机械	中方设计：采用国内的标准
		外方设计：采用 DIN 标准
仪表	仪表	中方设计：采用国内的标准
		外方设计：采用 ISA 标准
		接口：DIN 标或 EN 或 ANSI
电信	电信	有线：ISDN 标准
		无线集群系统：MTP 协议
		微波通讯：ETSI 欧洲电信
其他专业	收尘	中方设计：
	化工	外放设计：
火法		国内标准
湿法		国内标准
热工		ASME 标准
收尘		国内标准
化工		国内标准
仪表		国内标准
电力		国内标准＋IEC 标准
电信		国内标准
水道		国内标准＋印度标准
暖通		国内标准
管道		国内标准＋ASME 标准

6. 标准在项目中使用过程简单描述

（1）项目规划阶段对标准使用未进行工程项目使用标准的策划和形成管理机制。

（2）与属地国政府就标准在项目中使用的沟通，并就安全、消防、环境、通信和土建细节该项目未严格要求。

（3）设计过程对标准使用做出统一规定。

（4）施工过程（含调试阶段）对质量保障及标准、方法做出统一规定。特别是安全装置和环保措施检验方确定。除在相关标准前提下还含起重设备、锅炉、压力容器、压力管道、安全阀、马头门机。按照相应标准就提出的问题整改过程。

（5）试车前的工程消防安全验收，一般作为单独项由属地国政府委托第三方进行。

（六）越南某炼钢总包工程

1. 具体项目内容

越南炼钢总包工程位于越南广义省平山县平东镇榕桔经济开发区，北纬 $15°23'$ $31.187116''$；东经 $108°47'18.111676''$；最低海拔为平均海平面以上$+5m$，最大海拔高度为平均海平面以上$+6.75m$；最大下雨强度：4292 mm 24 小时；相对湿度：90%（高），72%（低）；81.9%（年平均）；年最大降雨量：25205mm；最大小时降雨量：90mm；最大风速：35m/s～40m/s；地震加速度：0.059g。

2. 简述与标准使用相关的工艺流程和相关专业情况

如吊车、压力容器等由中冶南方工程技术有限公司（WISDRI）供货法人特种设备均按照国内标准制造。其余由 WISDRI 供货的普通设备设计、制造均采用中国标准。

3. 本项目使用的标准规范规程情况。

给排水、电气、仪表、电信、通风、热工、燃气、设备、建筑、结构、管网、总图设计及施工均采用国内标准。

4. 标准在项目使用中的原则规定

（1）项目应符合设计、制造和施工的适用标准。一般而言，中冶南方工程技术有限公司、德国 SMS 和印度 SMS 遵循的标准是世界范围内可接受的标准和卖方在实践中采用的等效标准，但同样的标准也被进一步描述为以下规则。

机械设备：

机械设备应符合原产设备国家的标准和规范。机械设备在中国生产的，按照中国标准执行如下：

① GB 系列标准（中国国家标准）；

② JB 系列标准（中国机械制造业部门发布的标准）；

③ JB/ZQ 系列标准（中国机械制造业部颁布的重型机械标准）；

④ YB 系列（中国冶金工业部标准）；

⑤ HG 系列（中国化工部颁布的标准）。

电气、仪表、自动化设备：

EIC 设备（电气、仪表和自动化）应符合原产设备国家的标准和规范。如果 EIC 设备是在中国制造，应遵守以下标准：

① 参见技术规范的 E&A 章节；

② JB/ZQ 系列标准（中国机械制造业部颁布的重型机械标准）；

③ YB 系列（中国冶金工业部标准）；

④ HG 系列（中国化工部颁布的标准）。

土建和钢结构：

土建工程和钢结构应符合下列标准：

中国标准 GB 等。越南国家标准的强制性条款（该强制性条款应在项目设计前由买方声明或提供）。健康、安全、环保、消防卫生安全、环境保护和消防应遵守 强制越南国家标准。

（2）与国外先进主体设备配套的中国设备制造标准，配套件尽可能采用中国标准。

（3）项目属地国的认可中国土建专业标准，并同时要求满足越南国家强制性标准。

（4）在安全、环保、消防和通信方面，采用越南当地标准。

5. 项目标准

专业标准使用：列出各个专业使用国内外标准一览表，见表 5。

各个专业使用国内外标准一览表 表 5

专业	标准类别	采用的工程建设标准
管道	工艺管道	中方：采用国内的标准
		外方：采用 ASME 标准
机械	机械	中方：采用国内的标准
		外方：采用 DIN 标准
电气	电气	中方：中国标准
		外方：IEC 等
仪表	仪表	中方设计：采用国内的标准
		外方设计：采用 ISA 标准
		接口：DIN 标或 EN 或 ANSI
电信	电信	有线：ISDN 标准
		无线集群系统：MTP 协议
		微波通讯：ETSI 欧洲电信
建筑		中方：采用国内的标准
结构		中方：采用国内的标准
水道		中方：采用国内的标准
采暖		中方：采用国内的标准
环保		采用越南标准
安全		采用越南标准
其他专业		中方设计：
		外放设计：

6. 标准在项目中使用过程简单描述

（1）项目规划阶段对标准使用需要重点关注的分项工程内容，形成了管理机制。

（2）与属地国政府就标准在项目中使用的沟通，并就安全、消防、环境、通信和土建细节达成共识。

（3）设计过程对标准使用做出统一规定。

（4）施工过程（含调试阶段）安全装置和环保措施检验（含起重设备、锅炉、压力容器、压力管道、安全阀）由业主委托越南权威机构进行检验。

（5）试车前的工程消防设计、施工、验收完全由业主负责。

（6）试车和生产试车前的检查，按照越南政府标准检查，关系到生产许可证的发放。

（七）水泥工厂余热发电项目

1. 项目内容

由我国中材节能股份有限公司承接的沙特 YCC 余热发电项目（图 1），位于沙特延布市北部的 Ras Baridi 地区，距离延布市 70km，距离吉达市 450km。该项目是利用 4♯ 水泥线（8500TPD）及 15 台 11.5MW 的柴发机组和 5♯ 水泥线（11000TPD）建设的余热发电项目，项目总工期为 22 个月，总装机规模为 37MW（22MW＋15MW），净发电量保证值为 34.25MW，为世界上迄今为止最大的单体余热电站项目。

该工程项目是中材节能股份有限公司采用中国国家标准《水泥工厂余热发电设计标准》（GB 50588）建设的余热发电工程项目，在当地并没有关于水泥工厂余热发电的技术标准。本工程项目涵盖了从设计、采购、施工、调试等全过程服务。

图 1　YCC 余热发电厂

2. 标准在项目使用情况

由于采用的国家标准与国外标准的不同，工程中的设备价格会造成很大的差别，如一台配套 9MW 余热电站的锅炉，采用 GB 标准费用大约在 800 万至 900 万人民币，但采用 ASME 标准（美国机械标准）的锅炉，不仅材料费用大幅增加，且由于锅炉涉及的采购、制作、试验等都需采用 ASME 标准进行，整体的人工费用同时增加。设备费用的提高还在于设备出厂检测，厂家需要出具按照 ASME 标准检测的检验报告，并在设备上打相应 ASME 钢印。这类厂家经过了 ASME 的检验环节认证，因此，测试费用较高。采用 ASME 标准的锅炉整体价格达到 1200 万人民币，约相当于国家标准的 1.5 倍。

不仅设备价格会提高，采用国外标准进行项目，在设计环节、安装环节、土建环节等各个环节费用都会相应提高。例如在土建设计与施工环节，国内总包单位采用国家标准进行图纸的设计，但一般土建的施工都会采用项目所在地国家的标准进行，同时由于当地国家的政策保护，土建施工人员也大量是当地人员，他们对国家标准不熟悉，无法施工，因此，需要进行图纸的转换，将总包公司出的国家标准施工图转化为当地标准的当地施工图，这个图纸转化过程一般由项目所在地国家的咨询公司进行，一般的转化费用就将近 500 万元。在安装环节，由于采用国外的标准进行安装流程的控制，每到安装的关键时间节点，都需要进行第三方的检验，例如一般需要总包公司花费大量费用请劳士这样的认证公司到现场进行检查后才能进行下一步安装工作，因此，这部分费用也较高。

由于项目所在国家沙特本国没有相关标准，根据成本控制原则，本项目优先使用了中国标准，并采用中国标准验收。该项目的柴发余热锅炉和旁路放风余热锅炉是由中材节能股份有限公司总部研发中心、设计部、YCC 项目部同控股子公司南通万达锅炉有限公司共同研发设计，并由南通万达锅炉有限公司生产。

3. 标准使用对项目实施的影响

对于设计环节的技术方案的确定，标准的影响更加巨大。采用国家标准与国外标准的不同，会造成技术方案的巨大差别，会影响到工程材料、设备数量、设备性能、系统配置等各方面的因素差别，以至于连所有设备、材料、配置的富裕系数大小都不同，最终造成技术方案的巨大差别。技术方案是项目价格的最基本因素，技术方案的差别，造成项目的投资价格差别巨大。

根据以上的分析，目前以中国标准为标准的余热发电海外项目单位价格大约在 4500～5500 元人民币/kW，而采用国外标准的单位价格会提高到 6500～8500 元人民币/kW。关键为目前我国的水泥窑余热发电标准质量不低于国外标准，一些条款甚至高于国外标准，因此，采用国内标准的余热发电项目质量及性能均不比国外标准差。一些海外项目还是选择美国标准或者欧洲标准的原因，就是因为他们还不了解中国标准内容，而美国和欧洲标准经过几个世纪的推广，已经逐步被海外业主认可，尤其是一些不太发达的国家所认可。本项目的设计、施工、验收，都是按照中国标准做法完成。

项目中的两台机组分别于 2016 年 12 月 28 日四线（22MW 电站机组）全系统并网发电和 2017 年 1 月 11 日五线（15MW 电站机组）全系统并网发电。并网发电后，两台机组均顺利通过了稳定性考核及性能考核，各项考核指标优良。最终获得了业主颁发的 PAC 证书，得到了业主的高度认可。中国的水泥余热发电标准已经是国际事实标准，并将在国际项目工程中得到更广泛的应用。

（八）中国石油化工集团有限公司调研情况

中国石油化工集团有限公司所属 14 家单位参加了"一带一路"工程标准应用情况调研，调研情况汇总如下：

1. 对外承包工程基本情况

改革开放以来合同签订总额：4,018,684 万美元。

2013 年～2017 年对外承包工程合同签订额：1,420,319 万美元。2017 年对外承包工程合同签订额：438,579 万美元。

统计表明：

最早对外进行施工总承包的时间是 1991 年（1982 年开始涉足对外劳务输出），单位是中国石油化工集团有限公司第十建设有限公司。

最早对外进行工程总承包的时间是 1990 年，单位是中国石油化工集团有限公司洛阳工程有限公司。

最大对外工程总承包合同额为 26 亿美元，是 SEI 联合体在 2006 年签署的伊朗阿拉克炼厂改造项目。近年 SEI 又连续签署了马来西亚 Rapid 项目 P2 包，13 亿美元；伊朗阿巴丹炼厂改造项目，220 亿人民币。

目前对外从业人员数量 1.43 万人。

2. 企业在"一带一路"沿线国家对外承包工程情况

工程所在国：新加坡、泰国、马来西亚、伊朗、哈萨克斯坦、科威特、沙特、文莱、肯尼亚、孟加拉、加纳、刚果、加蓬、玻利维亚、尼日利亚、阿联酋、俄罗斯等 17 个国家。

执行的主要标准：工程所在国当地标准（如苏丹）业主、美国标准、英国标准、欧标和俄罗斯标准。

中国标准执行情况：在新加坡、马来西亚、文莱、加纳、刚果、加蓬、苏丹等国家部分执行的是中国标准。

3. 对外承包工程的标准应用情况

1992 年至 2017 年，中国石油化工集团有限公司承担的对外承包工程主要采用国外标准，其中 12 项对外承包工程在工程设计、土建施工、机电设备安装、装饰装修和产品（材料、设备）等方面采用了中国标准。

各单位采用中国标准情况：

中国石油化工集团有限公司南京工程有限公司有 1 个对外承包工程在工程设计方面采用中国标准。

中国石油化工集团有限公司第四建设有限公司有 1 个对外承包工程在工程设计、土建施工、机电设备安装、装饰装修和产品（材料、设备等）方面采用中国标准。

中国石油化工集团有限公司中原石油工程设计有限公司有 7 个对外承包工程在工程设计、装饰装修方面采用中国标准。

中国石油化工集团有限公司中原油建工程有限公司有 1 个对外承包工程在机电设备安装、产品（材料、设备等）方面采用中国标准。

中国石油化工集团有限公司宁波工程有限公司有 1 个对外承包工程在工程设计、产品方面采用中国标准。

中国石油化工集团有限公司工程建设有限公司有 1 个对外承包工程在产品（材料、设备等）方面采用中国标准。

其他单位的对外承包工程均未采用中国标准。

4. 典型对外承包工程采用国外标准，对比采用国内标准的影响情况

（1）采用国外标准（管理和技术）在国外建设的工程项目汇总结果，工程总成本增加。

说明：费用增加不全是标准原因，还受制于各种因素的影响，如管理的各个环节，建设所在地（如当地用工要求）检查费，管理监控等；

中国标准执行和过程管理不严、不到位导致费用虚低。

（2）采用国外标准，中国产品的应用量的变化汇总结果

中国产品采用国外标准制造，应用量无明显变化，有 1 个单位是应用量增加。

（3）主要应用的中国产品汇总结果

1）材料：电缆、管材、钢管、阀门、砂轮片、劳保用品、办公用品等；

2）部品部件：管道配件、天吊、预制钢结构厂房、厨房用品等；

3）设备：压力容器、塔器、反应器、泵、砂轮机、焊机、吊车（如预制厂房等）；

4）其他：保温材料。

（4）实例

在马来西亚项目中中国境内制造的设备、材料有：冷高分、热高分、热低分、循环氢脱硫塔、重高压空冷器、塔内件、工艺流程泵、高速泵、螺杆泵、给水泵、加热炉、加药包、低压开关柜、电缆、管道材料及管件和抗爆门。

在哈萨克斯坦项目中，中国产品得到广泛应用，各类设备在项目中的应用情况如下：

1）机泵

哈萨克斯坦芳烃项目的压缩机全部为国产产品，泵有国产和进口两类。除催化裂化装置的主风机组和其他装置的小型撬装往复压缩机采用国产产品外，催化裂化装置的富气压缩机组、烟机发电机组和其他装置的较大规格往复压缩机采用国外产品，项目工艺泵部分采用国产泵。

2）暖通空调

暖通空调设备主要采用了中国产品。中国设备在制造工艺、产品质量、施工安装、操作等方面有明显的竞争力。例如：中国的空调设备大都采用整体制造，在现场只需连接空调室机与内室外机，经过简单调试就能运行。而 FEED 文件中设计的方案还是零散设备，到现场组装，这就大大增加了现场施工时间，同时质量也无法保证。

3）储罐

国内独有的自支撑带肋拱顶在哈萨克斯坦项目中应用并获得业主的认可;国产的铝制内浮顶在哈萨克斯坦项目的应用。

4)加热炉

由于哈萨克斯坦的制造和生产能力有限,很多加热炉的配套产品都需要在国内采购,包括加热炉的模块化制造,也都是由国内的制造商在国内制造供货,其供货产品的型钢、衬里等材料等都是按照国内标准在中国采买的。

5)自动控制仪表

哈萨克斯坦本国生产的仪器仪表设备很少,大多依靠进口。本项目中更多采用了中国制造生产的产品。例如:就地温度压力仪表、普通调节阀及切断阀、可燃及有毒气体检测器、浮筒及磁浮子等液位仪表、节流装置及电磁流量计等流量仪表、分析小屋、仪表电缆、控制系统集成等。

6)管道材料

哈萨克斯坦项目装置的管道材料绝大部分由国内制造和供货。

7)压力容器、工艺设备等

在哈萨克斯坦芳烃项目中,约650台压力容器中采用国产产品,有用到催化旋分专有技术。小型设备或成套设备除专利商明确指定的部分产品外,均采用了中国产品或专用技术,主要包括:安全阀(含呼吸阀)塔内件(部分)离心泵(部分)化学药剂注入设施、过滤器、空气干燥器、抽空器、消音器、脱水、电加热器、泵体自动回流阀、阻火器等。

5. 中国工程标准国际化"走出去"存在的问题及相应建议

(1)存在的问题/障碍及原因

1)外方不了解中国标准

① 外方工作人员接受西方教育的比例较高;

② 缺少统一出版发布的英文版本。

2)发达国家标准已经具备强大国际影响力

① 发达国家标准具有先发优势;

② 发达国家通过技术合作,使"一带一路"沿线国家对发达国家标准产生了依赖;

③ 发达国家通过工程咨询业(含工程设计)使"一带一路"沿线国家对发达国家标准产生了依赖;

④ 发达国家通过工程监理业,使"一带一路"沿线国家对发达国家标准产生了依赖;

⑤ 发达国家的认证证书国际认可度高。

3)中国标准缺乏国际竞争力

① 中国标准的编制思路、模式、语言等在国际上不通用;

② 中国标准与国外风俗、习惯、文化、气候对接不上。

4)其他

① 中国工程建设缺少成套的品牌产品及其宣传;

② 中国工程建设标准存在范围交叉,相对孤立,相互间不协调不一致的问题。

(2)建议

1)战略层面

① 实施中国建造走出去战略；

② 制定标准国际化战略；

③ 启动政府间技术与标准的合作，推动中外标准互认；

④ 培育中国工程设计、工程咨询业，推动咨询业和工程设计走出去；

⑤ 培育专业的标准化咨询服务机构，持续推动中国标准在国际上扩散；

⑥ 提高中国制造的技术水平；

⑦ 提高中国认证的国际认可度；

⑧ 中国标准本地化，帮助"一带一路"沿线国家编制本。

2）标准层面

① 建立标准化联盟，推动标准国际化相关信息的交流、共享，建立联盟标准；

② 开展中外标准对比研究；

③ 加强宣传，提升中国标准知名度；

④ 提升标准外文版翻译质量。

3）企业层面

① 鼓励企业参与国际化机构；

② 鼓励企业承担或者参与国际标准的制修订；

③ 鼓励企业培养复合型人才；

④ 提升材料、设备品牌国际认可度。

4）其他

① 鼓励企业标准走出去，打标准品牌，如中国石油化工集团有限公司企业标准 SDEP 标准；

② 公开 SDEP 标准，鼓励大家使用；

③ 梳理国际标准体系，完善管理类中国企业标准的建设。

6. 对中国工程建设企业"走出去"的需求

（1）政策方面

建议政府成立专门的协调管理机构，统筹安排和协调"一带一路"及"走出去"的相关工作，协助整合对外投资、工程建设与服务、对外技术许可等方面资源；

建议国家相关部门推进与有关国家双边投资保护协定、避免双重征税协定的磋商，消除投资壁垒。建立和完善"走出去"的各项法律、法规、政策，给予相应税务、签证、保险等方面的优惠政策。给予企业和个人税收优惠、项目所在国延长劳务签证；

需政府制定部门帮助协调解决工作签证问题；政府宜建立渠道，为企业提供海外投资、海外法律体系、技术体系等方面的信息咨询服务；

利用"一带一路"的投资契机，推动文化融合、带动中国标准的应用。

1）现状：

中国石油化工集团有限公司南京工程有限公司在沙特先后承担了沙特矿业公司 3X 1800 kt/a 硫酸项目、沙特 Ma'aden 北部公用工程项目、沙特阿美 Fadhili 天然气处理项目以及沙特长输管线项目等多个工程的施工任务，合同金额从几千万美元至数亿美元不等，项目执行过程中采用的标准主要是以欧美标准为基础的业主企业标准，国内标准基本使用不到。在承担马来西亚磷化工有限公司一体化综合磷化工设计项目中，由于总包单位为中国公司，业主同意除马来西亚法律法规以外全部采用中国标准。

中国标准在海外项目难以推广运用的原因可能是多方面的，但工程设计单位及项目管理单位对标准的选用有相当大的影响作用，比如在沙特项目中工程设计以及 项目管理皆为欧美公司，设计中的技术要求全部以欧美标准为主，施工过程中也只能采用设计规定的标准。

2）问题：

中国石油化工集团有限公司南京工程公司作为设计采购和施工一体化的工程公司，在海外从事的石化工程业务已有近 20 年的历史，但工程实践中几乎全面采用国外标准，特别是欧美标准，很少采用到中国标准，一方面的原因是我们所承揽的工程主要以施工为主，且其所揽工程的设计业务和项目管理业务主要由欧美公司负责，因此国内标准基本不用，只能根据设计要求，使用业主提供之标准。另一方面的原因是中国标准在海外被认知度不高，很多外方企业不熟悉中国标准。

3）建议

① 利用投资者的优势，承揽设计项目以及项目管理业务。

对于国内资本投资的项目，建议要采用中国技术，实现技术输出或技术转让，只有这样相应标准才能被业主认可，在项目建设过程中也才能够顺利使用中国标准。中国石油化工集团有限公司南京工程公司曾经为沙特沙比克设计过一个 NDA 项目，由于采用鲁奇公司技术，项目执行过程中同样不能采用中国标准。所以标准是技术的支撑，技术才是标准的核心，没有核心技术，标准很难被接受并使用。

② 和所在国相关标准管理机构建立联系，研究其标准体系及标准管理机制。

在海外工程实践中一定要了解项目所在国标准管理的相应机构以及管理机制，根据其相关规定，有针对性地推荐使用中国标准。

③ 开展相关标准认证工作，包括人员资质、企业资质认证工作。

国内对施工企业采用的资质制度可以推广到海外，比如压力容器制造安装、压力管道安装资质认证，这样有认证需求的企业必须熟悉特种设备管理相关标准，可以由点及面推广中国标准。

④ 建立文化交流机制，成立或利用民间学术社团，

在相关国建立标准研究的学术组织，宣贯中国标准。

成立类似技术交流协会组织，邀请外籍会员到国内相关企业交流学习，使之深入地了解中国工程公司运行模式、管理机制以及中国标准的相关知识。

启动政府间技术与标准的合作，推动标准互认，提高中国标准国际认可度和竞争力。

（2）法规制度方面

1）由政府主导和立项，大力开展目标国法律法规相关的业务储备和研究，特别是海外项目所在国强制性安全法规、建设监管法规和监管体系方面的标准及法律文件的研究；

2）提供与 EPC 合同纠纷的法律支持，建立国际法律援助团队。

（3）资金方面

1）受制于"一带一路"以基础设施为依托的定位，相关金融机构如亚洲基础设施投资银行、丝路基金有限投资公司等，在"一带一路"沿线国家的资金投向更多集中在基础

设施,对炼油化工行业的资金支持有限。建议国家与国际金融机构加大合作,在投资决策时扩大投资范围,将炼油化工行业项目纳入重点考虑范围,对国家扶持的一些国别的战略炼油化工项目也专门研究;

2)建议相关部门组织保险公司研究新的保险品种,为"一带一路"沿线国家提供更有竞争力的保险产品;

3)希望商业银行、政策性银行提供有竞争力的贷款,或是设立专项资金,支持炼化工程以带资承包的方式获得"一带一路"沿线国家的炼化项目。

(4)技术方面

加强技术的宣传和包装,加强技术出口和宣传,通过多种途径如:加强与国外相关公司的技术交流,适时邀请业主到国内工程项目现场参观交流等;

加强中国标准制造产品(材料)的中国认证的国际认可和采用等:

1)实例1:沙特某项目水池内的爬梯材料为蒙耐尔材料,在沙特当地多家供货商买不到,后采用中国购买,总包商要求厂家的质量体系要通过 GB/T19001(ISO9001),产品质量证书要求中英文对照。按照上述要求在国内购买后成功用于工程。

2)实例2:沙特 ARAMCO 项目的质量经理的学历证书通过中国的公证机关的公证可以作为证明材料;质量体系的内审员通过中国认证机构的学习和认证可以作为正式的内审员。

3)实例3:沙特某项目的检测仪表第一次三个月有厂家的认证证书可以不用第三方再检测,中国产品可能没有认证必须全部由当地第三方认证。

4)实例4:沙特某合资项目因为中国产品的认证和对中国产品的质量不放心,在项目规范中明确规定"本项目不允许采用中国产品",虽然后期把本条文删除,但基本上本项目没有采用中国产品。

(5)人才方面

出台人才引进政策,满足急需一批高水平复合型的国际化人才,特别是经验丰富的项目管理人员、国际市场采购人员以及通晓国际工程法律、项目风险评估的国际工程合同管理人员,熟悉国际工程财务会计、国际工程融资的财务人员,和熟悉国际工程造价估算的报价人员的需求;

建立合理、科学的人才激励机制。

(6)标准方面

国内工程公司已经基本掌握了国际通用的工程设计标准规范,但仍需要花费大量时间和精力去理解和消化业主自行编制的标准规范体系,造成工作效率不高,建议加大相关方面的投入和研究,健全适应"一带一路"海外项目的技术和管理标准体系;

支持对"一带一路"沿线国家标准对研究项目的立项;

尤其是鼓励标准化研究机构与企业合作开展课题研究工作,开辟专门平台公开研究成果,鼓励标准化研究机构定向跟踪相关国家的标准动态并在平台上发布。

(7)科研方面

国家科技部支持工程技术研发项目的立项,强化专有技术的研发,适当给予资金、政策等优惠。

(8)培训方面

加强对于海外项目经营及运作方面短缺人才的培养，公派访问学者到国际公司学习。

（9）市场方面

积极配合"一带一路"相关工作的开展，借助"一带一路"倡议，为企业承揽各类境外工程项目提供支持；

本着走出去、引进来的市场思路，充分做好国际交流。在开拓及占领国外市场的同时，也引导市场所在国的资源进入中国市场，互换市场，做到互利互惠，争取双赢。2009年至2016年，由中国石油化工集团有限公司国勘公司投资兴建了伊朗雅达油田项目，把中国的资金和施工总承包企业成功带入了伊朗油气市场，同时联合石化又与伊朗签订购买其石油及天然气的协议，引导伊朗的油气资源进入中国市场，这样中国与伊朗之间就互换市场，做到了互利互惠，争取了双赢。

（10）合作交流方面

参加国际技术论坛及交流，组织标准化活动。鼓励中国标准编制过程中适度引入国外公司旁听制度，编制标准适当考虑海外市场的需要。

2010年至2013年，中国石油化工集团有限公司十公司伊朗项目部在实施阿拉克炼油升级扩能项目的过程中，积极与伊朗有名的施工总承包企业（KGC、TANOVOB等）进行技术交流及沟通，多次组织双方管理人员对伊朗石油化工建设项目惯用的国际标准（API、ASME）及伊朗本国标准（IPS）进行学习探讨，对其中的不同见解及意见互相交流。通过这些措施，帮助中国企业管理人员快速掌握并熟悉伊朗国内惯用的标准，适应伊朗的项目管理。

（11）机制方面

建立为企业服务的有效机制。企业在海外遇到问题能够可以及时反馈给政府统一的管理部门、政府能够及时解决问题并举一反三逐步建立有效制度保障。

（12）其他方面

提供海外合作医疗机构。

（九）煤炭行业标准国际化案例——越南某煤矿－50m以下部分开采工程建设投资项目

1. 项目情况

该项目是越南煤炭矿产工业集团河林煤炭公司投资的项目，由中国煤炭科工集团有限公司南京设计研究院有限公司设计，中煤第五建设有限公司等中国公司施工，矿井主要设备由中国生产供货。该工程已于2016年顺利投产，目前是越南国内规模最大，也是最先进的井工矿井。

2. 具体项目内容

（1）项目属地国情况简介

越南，全称为越南社会主义共和国，是亚洲的一个社会主义国家。位于东南亚中南半岛东部，北与中国广西、云南接壤，西与老挝、柬埔寨交界，国土狭长，面积约 33 万平方公里，是以京族为主体的多民族国家。越南煤炭资源丰富，是东南亚第三大煤炭生产国，也是世界第三大无烟煤生产国。越南煤炭以露天开采为主，井工矿井较少，本项目投产前主要井工矿井设计能力都在 100 万吨以下，其他矿井生产能力很小。大部分井工矿井采用平硐掘进，走向长壁开采，木支柱支护。

（2）与标准使用相关的工艺流程和相关专业情况

本项目矿井设计生产能力 240 万吨/年，矿井服务年限 40 年。矿井采用立井开拓方式，主副立井及工业场地位置于在于井田北部，在中部位置设风井场地。根据本井煤层特点，共布置 4 个工作面（3 个炮采 1 个综采）。井下煤炭运输全部采用胶带输送机。

（3）项目使用的标准规范规程情况

本项目主要使用中国的标准规范规程作为设计依据，除《煤炭工业矿井设计规范》和《煤矿安全规程》外，各专业主要采用的中国标准规范如下：

① 采矿：《煤矿井下车场及硐室设计规范》、《煤矿综采采区设计规范》、《煤矿立井井筒及硐室设计规范》

② 机电：《煤矿地面通风机站设计规范》、《煤矿井下排水泵站及排水管路设计规范》、《煤矿地面多绳摩擦式提升系统设计规范》、《煤矿井下供配电设计规范》、《矿山电力设计规范》

③ 机制：《煤矿带式输送机设计规范》

④ 土建：《矿山井架设计规范》

⑤ 给排水：《煤炭工业给排水设计规范》

⑥ 提升、通风、压风、排水、井下供配电、安全监控监测和带式输送机等产品采用中国设备，按中国产品标准设计生产。

大部分中国标准施工图集可以采用，但需要提供详细图纸。建材主要由越南当地提供，部分产品与中国标准不同，因此有些土建结构的标准施工图集不能直接采用。

（4）标准在项目使用中的原则规定

1）合同对规范标准的使用要求进行了规定。根据合同要求，设计需遵守当地的法律法规和规程规范，如越南《岩石和煤炭矿井安全技术规范》，地面供配电系统要遵守越南国内的相关规范。由于煤矿方面越南的规程规范不是很健全，越南国内没有的内容按中国标准执行。

2）合同未做细节规定的，可以优先使用中国标准。

3）设备主要由中国供货，使用中国的验收标准。

4）部分土建标准得到了越方的认可。由于部分建材型号规格不同，有些土建结构的标准施工图集不能直接采用。

5）安全、环保、消防和通讯是需要优先考虑越南的标准。

（5）项目标准使用对项目实施的影响

1）直接采用中国标准投资低，中国产品相对欧美的产品具有更高的性价比，节约了成本。

2）采用中国的设计规范提高了越南的设计质量。

3）中国施工单位的施工进度较快，越南的验收及工期安排跟不上节奏。

4）越方对中国规程规范的理解、组织实施、监督是存在一定的问题。

5）专业标准使用前面已叙述。

（6）标准在项目中使用过程简单描述

1）项目规划阶段（初步设计阶段），编制质量控制表，对规范的使用情况进行控制。

2）设计文件编制后，交由投资方和越南政府部分进行审查。

3）设计过程已质量控制表、方案评审等方式对标准使用做了统一规定。

4）施工过程中有工地代表处理相关事宜。

5）暂时没有参加越南标准制定和修订工作。

参　考　文　献

1　李会光．欧美日中标准制定和管理机制的比较研究［D］．天津：河北工业大学，2007.
2　秀红，王海光，刘振华，等．中外建筑标准体系对比研究［J］．科技创新导报，2010(19).
3　沈永明，肖厚忠，黄莉，等．中美建设工程标准体制比较研究［J］．建筑经济，2005(05).
4　邵卓民，等．国外建筑技术法规与技术标准体制的研究［J］．工程勘察，2004(01).
5　程志军，李小阳．美国建筑技术法规简介（上）［J］．工程建设标准化，2015(06).
6　程志军，李小阳．美国建筑技术法规简介（下）［J］．工程建设标准化，2015(06).
7　高迪，李小阳，等．美国建筑技术法规研究与借鉴分析［J］．山西建筑，2013，39(25).
8　汪滨，李景．国际标准化资料概览（美国标准化组织篇）［R］．北京：中国标准出版社，2016.